学前教育 新形态教材

幼儿行为观察与引导

主　编　杨　忠　黄　胜　王斯麒
副主编　陈世军　罗叶双　陈跃猛　王　萍
编　委　吴展映　吴　扬　潘仙江　孟　洁　韦成孝　邓银珍　廖石美
　　　　安凯洁　梁　萱　杨　蓉　邓　先　何春芳　彭继云　陈　惠
　　　　罗　欢　郑周亚　吴昌艳　吴平平　胡成秀　肖　媛　田　桦
　　　　周　瑶　冉孟涛　杜　艳　覃燕妮　覃永琴

西南大学出版社
国家一级出版社　全国百佳图书出版单位

图书在版编目(CIP)数据

幼儿行为观察与引导 / 杨忠, 黄胜, 王斯麒主编. 重庆 : 西南大学出版社, 2024. 8. -- ISBN 978-7-5697-2346-5

Ⅰ. B844.12

中国国家版本馆CIP数据核字第2024XW8428号

幼儿行为观察与引导

YOU'ER XINGWEI GUANCHA YU YINDAO

主　编　杨　忠　黄　胜　王斯麒

总 策 划:杨　毅　曾　文
执行策划:熊家艳　尹清强
责任编辑:钟宇欣
责任校对:曾　文
装帧设计:魏显锋
排　　版:夏　洁
出版发行:西南大学出版社(原西南师范大学出版社)
　　　　　地　　址:重庆市北碚区天生路2号
　　　　　邮　　编:400715
　　　　　电　　话:023-68868624
印　　刷:重庆紫石东南印务有限公司
成品尺寸:185 mm×260 mm
印　　张:14
字　　数:255千字
版　　次:2024年8月　第1版
印　　次:2024年8月　第1次印刷
书　　号:ISBN 978-7-5697-2346-5
定　　价:58.00元

序

学前教育是终身教育的开端，关系亿万儿童的健康成长、千家万户的切身利益、国家和民族的未来。百年大计，教育为本；教育大计，教师为本。促进学前教育健康发展，关键在于建设一支高素质的幼儿园教师队伍。2018年中共中央、国务院出台的《关于全面深化新时代教师队伍建设改革的意见》指出："教师承担着传播知识、传播思想、传播真理的历史使命，肩负着塑造灵魂、塑造生命、塑造人的时代重任，是教育发展的第一资源，是国家富强、民族振兴、人民幸福的重要基石。"

培养高素质的幼儿园教师，加强课程和教师队伍建设是基础。2019年国务院印发的《国家职业教育改革实施方案》提出了完善国家职业教育制度体系、构建职业教育国家标准、建设多元办学格局等一系列的任务。其中，教材是育人之纲，是改革的基础，是教师实施教学改革的重要载体和有效途径。教育部等九部门印发的《职业教育提质培优行动计划（2020—2023年）》强调，实施职业教育"三教"改革攻坚任务，要完善职业教育教材规划、编写、审核、选用使用、评价监督机制。2021年教育部办公厅印发的《"十四五"职业教育规划教材建设实施方案》强调教材建设的权威性、前沿性、原创性，要打造培根铸魂、启智增慧、适应时代要求的精品教材。当前，学前教师教育教材虽然品种丰富，但是随着国家政策的调整、职业教育理念的变化及学科的飞速发展，在一定程度上存在理念落后、体系陈旧等问题。例如，以学科为中心的理论教材过剩，传统纸质教材过剩，多媒体融合的新形态教材缺少，等等。在此背景下，我们设立课题组，组织学前师范院校的知名专家学者、中高职院校一线教师、幼儿园园长及一线教师编写了这套学前教育专业"中高协同"融通教材。从总体上来看，这套教材有如下特点：

一是坚持立德树人，强化课程思政。

本系列教材的编写坚持立德树人根本任务，厚植爱国情怀，以铸就师德师魂，培养适应新时代社会发展需要的卓越幼儿园教师为目标。教材内容的选择充分体现了社会主义核心价值观，突出了学前教育在国民教育中的基础性作用。

二是全面研究设计，系统规划建设。

从研制人才培养方案着手，研究确定了人才培养要求、专业课程设置和课程标准，以及配套的课程教学资源与课程试题库、幼儿园教师资格考试试题库。

三是做实产教融合载体。

党的二十大报告指出："教育、科技、人才是全面建设社会主义现代化国家的基础性、战略性支撑。"教材内容融合了《幼儿园教育指导纲要（试行）》、幼儿园教育活动基本理论以及幼儿教师教育教学活动的实践经验，切实增强教育教学的适应性，落实产教融合。

四是实用性好、可操作性强。

本系列教材以幼儿园教育活动基本理论为基础，面向幼儿园教育活动实践，提供了大量教育活动设计的案例及评析，强调实用性及可操作性。

五是混合式教学。

本系列教材除课堂教学设计丰富以外，还加入了微课视频资源，以二维码的形式呈现在相应的知识点旁，增强了教材的趣味性，有助于学生直观、深刻地理解学习内容，更便于教师开展信息化教学，符合当前教育教学创新改革的要求。

本套教材的编写汇集了全国范围内学前教育领域的多位专家、学者、一线名师等，编写者们不辞辛苦，反复研讨，精心打磨。尽管如此，本书仍然存在一些不足，学术上的追求永无止境，我们将不懈努力，不断修正、充实与完善相关内容。我们衷心希望这一课程思政背景下的中高协同系列教材的问世，能够为当前转型期幼儿保育专业及学前教育专业的相关院校课程改革与教学工作助力，为我国幼儿保育、学前教育人才队伍建设做出应有的贡献。

前言

学前教育是个体终身发展的奠基时期，事关个体的一生，意义重大。幼儿教师队伍是学前教育高质量发展的基础性和关键性力量。作为一名幼儿教师，能够在教学过程中对幼儿行为进行有效的观察、分析与引导，是其具有专业能力的表现之一。本书正是结合《3—6岁幼儿学习与发展指南》《幼儿园教师专业标准（试行）》《中华人民共和国学前教育法（草案）》等相关文件的精神，为培养幼儿教师的教育教学和行为观察分析能力而编写出版的。

本书适用于学前教育、幼儿保育等专业的学生作为教学或参考用书，也可供幼儿园园长和教师等幼教工作者开展实际的教学或进行教育研究。本书的项目一介绍幼儿行为观察的相关理论，项目二论述幼儿行为观察与记录的方法，项目三阐述幼儿生活活动中的观察与引导，项目四阐述幼儿园教学活动中的观察与引导，项目五阐述幼儿园游戏活动中的观察与引导。另外，在了解、理解、掌握到学会并运用的过程中，每个项目都列出了相应的主题层次要求，让学生学起来能抓得住重点、难点。

本书主要呈现以下鲜明特征：

1. 思政育人，传承精粹。全面贯彻国家教育方针，以“立德树人”为根本任务，在内容上既符合幼儿身心发展和教育规律，又融入思政元素。在教学过程中要帮助学生以幼儿为中心，关爱、信任幼儿，尊重幼儿的人格，树立“三全育人”的意识，培养学生的教师观、教育观和社会主义核心价值观。

2. 紧贴实际，操作性强。本教材遵循理论联系实践的原则，坚持理论最终服务于实践的理念，因此本教材内容可操作性强、简明易懂、深入浅出、重点突出。教材对幼儿行为观察方法进行了系统的描述与介绍，详细阐述了各种方法的特点、过程与操作步骤，并引用了大量实例说明相应方法在实践中的运用。

3.形式新颖,与时俱进。本教材的形式多样、新颖,以来源于幼儿教育活动的实际案例为载体,结合幼儿园教师资格考试、技能大赛等相关知识对课程内容进行整合与优化。同时积极融合互联网信息教学的形式与内容,通过校企合作、校内实训基地建设等多种途径拓展教学资源,融"教、学、做"为一体,充分开发学习资源,力求体现科学性、时代性,为进一步提升观察和指导幼儿的能力提供帮助。

本书由黔南民族幼儿师范高等专科学校的杨忠、黄胜、王斯麒主编,编写团队包括黔南民族幼儿师范高等专科学校的陈世军、杨忠、王斯麒、罗叶双、吴展映、潘仙江等。具体分工如下:本书的项目一和项目三由罗叶双编写,潘仙江参与修订;项目二由王斯麒编写;项目四和项目五由杨忠编写,吴展映参与修订;全书由黄胜、陈世军和杨忠统稿;陈世军参与整理、校对实践案例;黄胜负责全书的体例确定和最终整合;其余编者负责本书资料的收集与整理。

本书在编写、出版的过程中,得到了编写人员所在单位以及出版社的大力支持和热情帮助,在此一并表示最诚挚的感谢与深深的敬意!本书在编写的过程中参考、引用、借鉴了许多国内外学者的研究成果,同时,得到了许多幼儿园教师为本书提供的实践案例和实践经验总结,在此表示感谢!

虽然全体编写人员为了写好本书做了很大的努力,付出了许多的劳动,但因编写时间仓促,编者水平有限,仍有疏漏和不当之处,敬请广大同行、专家、师生不吝赐教,批评指正,以便本书能够不断修订、完善。

目录

CONTENTS

目录 CONTENTS

项目一

幼儿行为观察概述

学习目标

知识目标

理解幼儿行为观察的概念，了解幼儿行为观察的作用和引导策略；掌握幼儿行为观察的要点、类别与引导方法。

技能目标

学会根据不同观察目的制订观察计划并实施，并能做好观察前的物质和心理准备。

素质目标

喜欢去了解幼儿行为背后的原因，热爱观察幼儿行为。培养教师观、学生观和教育观。激发相关专业学生对学前教育事业的热爱，使其具有爱岗敬业的精神。

学习重难点

学习重点

1. 了解幼儿行为观察的概念及作用。
2. 掌握幼儿行为观察的要点与引导策略。
3. 能根据观察目的的不同，制订观察计划并实施。

学习难点

根据观察目的，选择观察类别，并在实践中去制订观察计划。

思维导图

- 幼儿行为观察概述
  - 幼儿行为观察的理论基础
    - 幼儿行为观察的定义
    - 幼儿行为观察的要点
    - 幼儿行为观察的类别
    - 幼儿行为观察的作用
  - 幼儿行为观察计划的制订与实施
    - 幼儿行为观察计划的制订
    - 幼儿行为观察计划实施步骤
  - 幼儿行为观察的意义与引导
    - 幼儿行为分析与引导的主要心理学流派观点
    - 行为观察对教师的意义
    - 基于观察的幼儿行为引导
    - 幼儿的引导方法

任务一

幼儿行为观察的理论基础

任务目标

1. 了解幼儿行为观察的概念。

2. 掌握幼儿行为观察的要点、类别和作用。

任务准备

1. 物质准备:教学活动视频、教学PPT课件。

2. 经验准备:已经对幼儿行为观察有所了解,并具备心理学和教育学相关课程的知识基础,有良好的理论支撑,到幼儿园去见习,了解幼儿园教师观察的重要性。

工作表单

工作表单1

案例分析

又到了需要交观察记录的时候,作为新教师的小吴最近特别烦恼,观察记录应该怎么写呢?每天看到小朋友的行为,小吴知道其中有不对的地方,但就是不知道如何进行观察记录,不清楚怎样的记录才是有效的。小吴十分疑惑,对于幼儿的行为,教师应该如何分析?相信很多新老师和小吴有相同的困惑。那么,究竟什么才是幼儿行为观察?观察幼儿行为的意义是什么?在观察中我们应该选择什么样的观察方法,观察后又应如何科学有效地引导幼儿的行为呢?

思考:1. 你认为什么是幼儿行为观察?

2. 如何看待幼儿行为观察为专业性观察?

工作表单 2

思考讨论

结合相关解释,讨论幼儿行为观察的类别及其与日常观察的区别。

幼儿行为观察的类别	日常观察与幼儿行为观察的区别

工作表单 3

思考总结

你认为幼儿行为观察的作用有哪些?

幼儿行为观察	作用

任务描述

本次任务旨在掌握幼儿行为观察的定义、要点、类别和作用。掌握几种常见观察方式的优缺点和使用场景。

学习支持

在观察幼儿的行为之前,先要明白幼儿行为的定义、要点、类别、作用等,这是观察前的理论基础准备,也是观察并引导幼儿行为的重要前提。

一、幼儿行为观察的定义

观察对于每个人来说都不是陌生的,我们人人都是观察者,每人每天时时刻刻也许都在观察,我们用眼睛看世界,这就是一种观察。从字面上看,观察包括"观"和"察"两部分,观则为看,察不仅指看,更多的是察觉,要仔细地看,看得明白。所以观察是指既要"看",过程中还要思考着"看"的一种行为。

观察带有直觉,这种直觉是有目的、有计划、比较持久的。婴幼儿从出生后,就通过观察周围的物品,了解周围的环境,了解身边发生的各种现象,从而认识世界,形成对世界的认知。

人的行为,会表现出他的生活态度及具体的生活方式。行为是在一定的物质条件下,不同的个人和群体,在社会文化的制度、风俗习惯和个人价值观的影响下,在生活中表现出来的基本特征,是内外刺激下的能动反应。

幼儿行为是指幼儿在主客观的影响下而产生的外部(外显)活动。对幼儿行为进行观察是学前教育研究中常用的一种研究方法,它是通过有计划、有目的地观察幼儿在一定条件下言行的变化,并对结果进行记录分析,从而得出结论的方式。①在老师对幼儿的行为得出结论后就可以更好地引导幼儿进行活动并提高幼儿各方面的能力。

① 夏宇虹,胡婷婷.学前儿童行为观察与指导[M].长沙:湖南师范大学出版社,2019.

二、幼儿行为观察的要点

(一)环境的真实性和自然性

幼儿行为的明显特点是爱游戏、爱模仿、好奇又好动、喜欢与同伴交往、喜欢户外活动等。同时,幼儿行为的明显缺点是情感冲动和自制能力差等。所以在观察幼儿行为的过程中,幼儿的行为多为自然发生的,是在不被教师所干预或控制的条件下进行的,幼儿在幼儿园的一日活动(包括生活活动、游戏活动和学习活动)均可成为观察的对象,在真实和自然的环境下观察到的行为才是孩子自然产生的行为,所以为了观察幼儿的一般的、典型的行为表现,得到最真实的观察结果,老师需要和幼儿处于相同的研究体系中,而不是只当一个旁观者。

(二)借助观察工具

进行日常观察时,我们是不需要借助外物的,基本是通过眼睛看,这是靠人自身的感知器官来进行的,是比较简单的。而幼儿行为观察是更为科学的观察,如果只是靠我们的眼睛来观察,是很难做到全面且精准的。在这样的条件下,我们就需要借助观察仪器和设备,如望远镜、摄像机、照相机、录音笔等,只有这样我们才可以精准、反复地观察并进行客观的记录,且这样的观察和记录可以有效持续和保存较长的时间,在这个过程中,可以进行不断的深入思考。

(三)记录的客观性

本文提及的幼儿是指3—6岁的幼儿,这时的幼儿多以自我为中心,觉得自己看到的东西就是别人看到的,自己喜欢的就是别人喜欢的。成人在某些情况下也会以自我为中心,很难理解他人的想法和行为,导致观察者在进行观察记录时只记录下一些与自己预想的结果一致的内容,对于不满足自己预期的内容都不愿意记录,像这样强加自己的想法给幼儿的行为很容易造成记录的资料失去客观性。观察者在记录时最容易犯的错就是将客观事实与主观想法混淆在一起,实际上,客观事实与主观想法应该区分开来,以免对幼儿的行为产生心理暗示和导向。

三、幼儿行为观察的类别

（一）直接观察和间接观察

观察根据是否借助工具分为直接观察和间接观察。

直接观察是指通过人的感知器官如眼、耳等对观察对象进行直接观察，获得一手的观察资料。这是一种比较简单的观察方法，优点在于直接观察的观察者往往与被观察者处于同一环境，能切身地感受到被观察者的情绪，观察到其真实行为。情境的具体化，有助于观察者形成对被观察者行为的总体认识。但此观察法也有一定的局限性，因为人的精力有限，不能做到面面俱到，观察者在记录中会丢失许多信息，导致被观察者的行为不能被完整记录下来，原始情景无法再现。

间接观察，是指借助仪器或者是技术手段，间接地对被观察者相关的现象或行为进行观察，从而获得观察的资料。此观察法的优点在于观察的资料可以被长久保存并反复查阅和分析，在这个过程中使观察的结果更加精确。

（二）参与观察与非参与观察

观察根据观察者是否介入观察活动，分为参与观察和非参与观察。

参与观察是指观察者参与到被观察者的活动中，在活动中进行观察。此观察的优点是，观察者参与到活动中能对被观察者的行为有更深入的了解和体会，有助于观察者理解被观察者行为产生的动机，可深入挖掘其行为产生的根源。但此方法对观察者要求较高：第一，观察者在观察中必须掩蔽自己观察者的身份，不然如果被观察者发现自己被观察，就会出现一些刻意的行为；第二，观察者必须冷静、客观地记录观察到的数据。

非参与观察是指观察者不参与被观察者的活动，只是作为旁观者进行观察。这种观察的优点是观察的过程较为冷静，观察者得到的观察结果较为客观，但同时这种观察缺乏情境性，观察到的结果往往不够深入，观察者不易在非参与观察中获得深层次的信息。

（三）结构化观察与非结构化观察

观察根据过程是否确定观察目标和观察程序及其严密程度，可分为结构化观察与非结构化观察。

结构化观察也属于正式观察，是一种有周密计划的观察，观察到的资料也是标准化的，有助于统计和对比；具有明确观察指标，严格对观察行为进行分类，下操作性定义；预先制订详细的观察记录表；在可控条件下进行观察。进行结构化观察的观察者要接受培训，能控制主观因素误差，使观察结果科学、可量化且可信度高，有较高的说服力。但因为要对观察者进行培训，对观察者和观察手段均有较高的要求，这种观察方法常用于描述性研究和实验资料的收集。

非结构化观察也叫非正式观察，是一种没有周密计划，没有记录表的一种观察。观察的记录更多为文字描述，常常是做质的分析而不是量的分析，没有固定的结构，但是便于实施。

（四）定期观察和追踪观察

观察根据是否有具体的、固定的时间来进行，分为定期观察和追踪观察。

定期观察为在一定的时间和时间区间内对被观察者进行观察，观察的时间区间由观察者自行决定。

追踪观察是一种对被观察者进行的时间较长的观察，往往通过追踪被观察者的行为，获得发展资料。追踪观察对被观察者的行为具有发展的意义。

（五）全面观察与抽样观察

观察根据范围的大小分为全面观察和抽样观察。

全面观察是指对一定场景中的幼儿的所有行为进行观察并记录，该方法涉及的范围比较广，得到观察记录等资料后可以分析得出行为之间的关系，因此了解得比较全面。但因范围比较广，对观察者的要求较高，观察者的精力有限，容易遗漏重要的信息。

抽样观察则是指观察者综合考虑场景、时间、人和活动等多方面因素，进行取样观察。因确定观察的范围较小，观察者在有限的精力基础上能更加仔细观察，同时抽样观察的操作相对比较简单，对观察的要求主要体现在取样的科学性上。

以上几种观察是生活中较为常用的方法，每一种方法都有各自的优缺点，所以在教育研究中，观察者可以根据自己实际情况进行观察方法的选择，也可以选择多种观察方法结合对行为进行详细的观察。只有一个很重要的要求就是观察的客观性，观察者必须客观记录自己观察到的资料，这样才是有效的观察。不管哪一种方法，主要的目的都是实现观察者的观察目标，使观察者得到一手的观察资料，并运用其观察资料为教育研究、教学等提供有效的支撑。

四、幼儿行为观察的作用

每种有计划的观察都是为实现某个目标做准备，幼儿行为观察也是为实现观察目标而进行的，那我们观察的作用有哪些呢？

（一）了解幼儿的行为和行为变化

对于幼儿教师而言，我们通过观察可以了解到幼儿的发展水平，可获得幼儿发展的第一手资料，确定幼儿的兴趣、爱好、理解水平和发展需要等。由于每个幼儿受到遗传的影响和成长环境的不同，每个幼儿所展现出的行为、喜好、性格特点也各有不同。《3—6岁幼儿学习与发展指南》强调幼儿教师要尊重幼儿的个性发展，因此，准确把握幼儿的年龄阶段发展特征，既要做到理论与实践的基础准备充分，又要做到对幼儿因材施教；既要对幼儿的发展有一套标准，但又不能用同一套标准衡量所有的幼儿。若教师要做到真正的因材施教，就需要了解每个幼儿的真实发展水平，了解幼儿的真实发展需求。

（二）评价幼儿的发展水平

幼儿在幼儿园的一日活动，不管是做游戏还是做手工，最终都是为了幼儿的发展。人的发展是一个循序渐进的过程，包括幼儿的身体和心理发展，我们既要关注幼儿的外在发展，又要关注幼儿的内在发展。幼儿的发展包括许多方面，外在的身体变化如身高、体重，这都是可观察到的，但对于幼儿的认知水平、情绪、情感、个性和社会性方面的发展情况，我们仅从眼睛观察是无法去准确衡量的。对幼儿的一般行为和典型行为进行观察可以帮助我们更有效地评价其发展水平，更好地了解幼儿。我们还可以通过评价幼儿的美术作品和音乐表演等评估幼儿审美或节奏感等相关能力的发展水平。这种评价更多的是偏向于幼儿发展的过程性评价，如美术作品，我们不光是看幼儿绘画完成后的成品，更多的是关注幼儿在绘画时的过程、表现，此种过程性评价有效避免了“重知识技能而忽视幼儿的情绪情感”的弊端。

(三)促进幼儿有更好的发展

只有通过对幼儿的行为进行观察,教师才能了解幼儿的特点,并分析幼儿在表现中的不足。在此基础上,教师提供支持和帮助,能够促进幼儿更好地发展。游戏作为幼儿园中的重要教育教学方式,是幼儿最喜欢的教育活动,游戏也能够有效地促进幼儿在健康、语言、社会、科学和艺术五大领域的发展。教师创设游戏环境时,需要预设活动目标,但是幼儿却常常会在游戏过程中表现出教师想法之外的一些行为。当前,游戏的形式是以幼儿的自主游戏为主,由老师提供相应的游戏材料,从幼儿的自主游戏中发现幼儿的兴趣点,并及时地补充游戏材料,更好地满足幼儿的游戏需求,以支持幼儿创新能力和想象力的发展,这样,幼儿对游戏的喜爱才会增加。此外,老师在实际的教学活动中,会遇到一些特殊的或者是性格内向的幼儿,需要通过多次的观察,才能知道幼儿的行为出现问题或其性格形成的具体原因,才能真正地了解幼儿,走进幼儿的内心世界,帮助其更好地发展。

任务二

幼儿行为观察计划的制订与实施

任务目标

1. 掌握幼儿行为观察计划的制订步骤。

2. 掌握幼儿行为观察实施步骤。

任务准备

1. 物质准备:教学活动视频、教学PPT课件。

2. 经验准备:已经对幼儿行为观察的概念、类别和作用有所了解,并具备心理学和教育学相关课程的知识基础。到幼儿园去见习,了解幼儿园教师观察的流程。

工作表单

工作表单1

案例分析

幼儿园新投放了羽毛球拍,很多小朋友看到后都赶紧去拿新球拍,于是,一场关于羽毛球拍的"战争"就开始了。当博博把装球拍的筐子抬下来以后,很多小朋友一下子围了过来。这时,辰辰、希希、哲哲同时抓住彩虹色球拍开始争抢。希希:"这是我先拿到的。"辰辰:"你们看他嘛,快放手。"哲哲一直大哭着不放手。小宇走过来说:"快放手,不要抢了。"小宇拉了他们一分钟左右,最后辰辰将球拍拿走了,跑到材料柜旁玩了起来,希希跑去追辰辰,追了一圈没追上,哲哲则在地上坐着大哭。过了一分钟左右,哲哲的妹妹跑过来牵着他的手说:"不要和他玩了,我们一起去滑滑梯吧。"哲哲听完擦掉眼泪,跟着妹妹走了。希希跑过来对我说:"老师,辰辰抢我的彩虹球拍,明明是我先拿到的。"我说:"那怎么办呢?你再去和他好好商量一下,好吗?"希希走过去大声对辰辰说:"你能不能先把球拍给我玩一下?"辰辰说:"等我玩够了再给你。"希希就坐在旁边,撅着嘴巴生气着。

思考:1. 上述案例中老师在观察前需要准备什么?

2. 老师的观察目的是什么?

工作表单2

思考总结

结合观察的定义,讨论教师在观察前应该做的准备有哪些?

观察前教师在物质方面的准备	观察前教师在经验方面的准备

工作表单 3

小组讨论

小组讨论：教师的观察计划已经制订好，在实施中应该注意什么？

任务分析

本次任务是要学会观察计划的制订与实施，并掌握观察计划的制订步骤和实施步骤。

学习支持

古人云："凡事预则立，不预则废。"所以要实现观察的目标，幼儿行为观察计划的制订尤为重要。幼儿行为的观察不是普通的观察，是需要专业知识作为铺垫的专业性观察。在对幼儿的日常生活进行观察时，观察者没有目标，也没有计划，而是随意、随机地观察，在这个过程中，观察者易受到自己的关注点、经验、兴趣和价值观等因素的影响。若这个观察过程过于随意，则很难达到预期的效果。而幼儿行为的观察，是服务于教师教育和科学研究的专业性观察。在观察前，观察者必须制订目标；在观察并记录观察到的相关行为时，为保证信息的完整性，还要借助相应的辅助工具；在观察后，观察者要对得到的资料进行整理。只有这样，才能得到贴合实际的结果，并根据结果，进一步为幼儿提供帮助和支持，以促进幼儿身心的全面发展。

一、幼儿行为观察计划的制订

幼儿行为观察的制订关系着数据收集的完整性，所以制订幼儿行为观察计划就要做到面面俱到。

（一）明确观察的目的和内容

关于观察中要了解什么情况，收集什么内容，在制订的计划中就要有明确的规定。只有在明确规定目的的基础上，才能弄明白此次观察是要搞清楚什么问题，才可以确定观察的内容。合理的观察内容必须具备两个条件，第一，能准确反映、体现或者是说明观察的目的。第二，观察者能观察到的内容，即外显行为和现象可以进行操作性定义。操作性定义是指根据可观察到的、可测量的和可操作的特征来界定变量的含义。如“是否请求他人帮助”就是根据幼儿是否积极寻求帮助来界定的，有些幼儿在遇到事情时只会哭泣，而非礼貌地表达需求，有些幼儿碰到即使自己会做的事情也需要他人帮忙，这些不同的情况都需要在界定的时候加以考虑。

（二）确定观察范围和拟定提纲

如果观察的范围太广，观察者在观察的过程中就容易遗漏信息，所以在观察中，观察者要突出观察重点，让观察科学化。观察者需要对观察的时间、地点取样，并对样本进行观察，这样做可以缩小其观察范围，使观察更具有针对性，同时，这样操作起来也更方便，使观察的程度更深。观察的过程中，观察者不能随意观察，而是需要先对观察的部分进行观察大纲的拟定。观察大纲一般以纲要的形式呈现，大纲可以使观察的目的更具体，更具有操作性，拟定大纲有助于提醒观察者在观察中应多加注意的观察重点，比如哪些行为是需要被重点观察的，有哪些注意事项，并提示自己下一步应该观察什么，是否遗漏或者忽视了哪些重要的信息等。观察提纲主要包括：幼儿的角色（幼儿行为发生时周围的人有哪些以及他们之间的关系）、幼儿行为的表现（当时幼儿的行为的内容及其特点）、行为的起始（行为发生的时间和持续的时间）、行为的发生地（在什么地方发生的）、行为的起因（行为发生的动机和原因）。

（三）选择合适的观察方法

不同种类的观察方法都有其缺点，具体的观察内容和目标对观察方法的选择有重要影响。客观、详细地记录是还原当时场景、形成正确结论的重要环节，所以观察者要根据自己的需要选择合适的观察方法，这最终是为了得到科学而可靠的观察结果。

（四）编制观察记录表

观察记录是确保获得真实、准确、客观材料的重要环节之一，为得到准确且全面的数据，编制观察记录表尤为重要。一份好的观察记录表应拥有两个方面的功能：一是实施的功能，观察者可依据记录表合理分配注意力，按观察记录表实施观察，这样可以更加详细地记录与观察目的相关的行为，使观察更有针对性；二是记录的功能，通过观察记录表，观察者能够更系统地进行观察和记录，以获得系统性的观察资料，记录表也便于记录后观察者进一步分析和整理获得的观察资料。观察记录表不是辅助工具能完全替代的，只用辅助工具观察所得的资料是杂乱、原始的，辅助工具没有实施与记录的功能。

二、幼儿行为观察计划实施步骤

（一）明确观察问题，选择观察对象

明确观察的问题即选择和确定需要研究的问题，在确定观察问题的同时还必须确定观察者和观察对象。因为观察的问题选择是在一定的条件下进行的，是观察者是否能进行自然观察的必要条件。例如要观察“幼儿的攻击性行为”，要考虑是什么样的幼儿、是在什么班级进行观察，观察者应该具备哪些必备的知识、能力和技巧。

（二）制订观察计划

观察计划中要明确观察的目的、重难点、范围以及需要收集的材料，还有观察次数、观察时间（如果是定期观察，还要确定观察的时间间隔）、需要的仪器、制订的表格格式以及填写要求。如遇到特别专业的问题还需要对观察者进行培训。

（三）做好观察准备

观察准备的详细与否，会影响到观察结果的可靠性高低。只有做好观察前的准备，才能收集到准确的观察资料。要做好观察准备，有以下几个步骤：

1.确定观察的项目和指标

根据观察的要求,要对观察的内容进行具体化和指标化。具体化就是要对观察的内容进行详细的分解,将其分解为几个观察项目。指标化是指根据需要观察的内容的项目,选择并制订可以进行评价并显示不同程度的指标。

在确定观察项目和指标时,应注意的问题有:

(1)尽量将观察项目具体化,并给出明确的限定,理清观察项目与观察目的之间的本质联系,能全面反映与研究问题有关的特征。如观察幼儿是否安静地吃饭,就要通过观察幼儿在吃饭中的讲话次数和小动作次数来判定。

(2)确定项目是否是便于观察记录的具体问题。如观察幼儿吃饭时的讲话次数。

(3)确定观察的指标时,除定性的指标以外,可以定量的指标一般都要进行量化。如对学生举手情况进行观测时,教师不能只用程度词来表示学生的积极性,而要用学生的举手次数、举手学生的数量等指标。此外,为了资料的长期保存,对定性的资料要进行归纳分类,对定量的材料要进行统计分析。

2.选择观察途径和方法

观察的途径和方法是根据观察内容、目标和对象来确定的。一般的途径有参观、参加活动或游戏等。观察的方法通常与观察的途径相关,常用的方法为直接观察。

3.观察取样

观察不可能做到面面俱到,如果观察的范围太广,易导致观察的混乱,所以观察时需要进行观察取样。如表1-1:

表1-1　常用的观察取样方法

取样方法	特点
对象取样	选定特定的对象进行观察,如教室中的一名幼儿或一群幼儿
时间取样	在特定的时间内观察某一行为
场面取样	有意识地选择一个自然的场面,如幼儿进食场面
事件取样	观察一个事件的完整过程,如幼儿的攻击行为
阶段取样	选择某一阶段(如中期、末期)进行重点观察
追踪取样	对观察的对象做长期、系统的观察,以了解事件发展的全过程

4.设计观察表格和记录方法

为方便对收集到的观察资料进行分析整理,项目的设计要求:(1)每个项目均能反映观察的内容;(2)项目数应在10个以下,并按一定的逻辑来排序;(3)项目答案应该是确定的,排除那些对不同的观察者可能会做出不同解释的推断性词语。设计观察表时,要规定观察材料的记录方法。

5.其他注意事项

做好其他准备,包括仪器、人员培训和分工及应变措施等。

(四)按照观察计划进入场地观察并做好记录

进入场地后,首先确定观察的位置,一个好的位置应有较好的光线和角度,这样才能确保观察的有效性、全面性和准确性;其次作为一个旁观者,观察时不能干扰到被观察者的行为或者是和被观察者打成一片,否则观察到的行为就会有刻意性而显得不真实。间接观察和非直接观察的优点是不会打扰到被观察者,如果是直接观察和参与性观察,则要与被观察者建立良好的关系,以免被观察者对观察者产生戒备心理。

实施观察中我们要做到看、听、问、思、记等互相配合,以达到最佳效果。"看"是在生活中最常用,也是最简单、最便捷的观察方法,凡是与观察的目的相关的内容都需要仔细看。"听"则为听被观察者的声音,特别是被观察者的发言。"问"为询问,作为观察者在内部观察时要询问关于被观察者的有关问题。"思"则为思考,从观察到的资料出发进行思考与分析,通过思考、分析,形成观察者的初步看法。"记"为记录,观察时要及时地做好现场记录。另外,还可以通过嗅、摸、触和尝等方式进行观察资料的补充。

记录观察资料时应注意:(1)准确,要尊重客观事实,有什么就记录什么,不能有主观想象,更不能凭空捏造;(2)全面,要根据观察将全部的观察内容记录下来,不能丢掉观察者主观上不感兴趣的现象,否则收集到的资料就不能真实反映所观察到的问题;(3)有序,与被观察者有关的事实一定按事件发生的顺序进行记录,不能随意地颠倒。事件发生的顺序可以有效地解释发生事件内在的联系和规律。

（五）整理与分析

首先，对于收集到的观察资料，观察者要进行详细的检查，并对其分类；若有遗漏要及时进行补充，要及时修改记录的错误，如果时间长了可能会出现无法再补充完整的情况。

其次，对于整理后的资料，要全面地思考。如果发现在观察中没有得到需要的资料，应该延长观察的时间继续观察，直到所需要的材料收集齐为止。

再次，观察记录的相关资料，如果数量较少，按观察的时间进行保存即可；若观察记录的相关资料数量较多时，我们要进行分类整理和归档，以便之后进行查阅。

最后，对观察记录的相关资料需要说明的，要详细说明。资料收集后一定要及时进行整理，避免因时间过长而遗忘或产生不必要的疑惑。

（六）提出观点并撰写观察报告

对收集到的观察资料进行分析、研究，并得出自己的结论并加以论证，最后撰写成观察报告。只通过观察往往无法完成观察目标，所以，要把收集到的资料进行整理、分析，在这个过程中，可以和其他的研究方法相结合，最后得出结果。

任务三

幼儿行为观察的意义与引导

任务目标

1. 掌握心理学主要理论流派，讨论幼儿行为观察的意义。

2. 掌握幼儿行为观察引导的原则和方法。

任务准备

1. 物质准备：教学活动视频、教学PPT课件。

2. 经验准备：已经对幼儿行为观察有了深刻理解，并具备心理学和教育学相关课程的知识基础，能形成以学生为中心的幼儿观和教育观。

工作表单

工作表单1

案例分析

在这次的羽毛球游戏中，小宇、博博、希希、辰辰、小杰开始商量自己的游戏计划。

小宇："我们要搭建一个隔栏，两个人一起打。"

辰辰："我们还要做一个围栏把旁边围起来。"

博博："谁先玩呢？"

希希："打10下就换下一个。"

小杰："谁的球没有超过中间的隔栏就换其他人。"

他们说完后进行了举手表决，最后大家决定每人打10下就换人。他们一起搬来了"万能工匠"积木，搭成了隔栏，小杰用攀爬梯围在周围做好了围栏，他们开始玩了起来。

希希："你们记得打10下就要换人哦。"

小宇、小杰："知道了。"

打了一分钟左右。

小杰："你打轻一点，球都飞到围栏外面去了。"

小宇："是不是这里太窄了？"

小杰："我们过去一点打吧！"

两个小朋友就拿着羽毛球到围栏外面去打了。

思考：1. 如果你是教师如何分析案例中的幼儿行为？

2. 对于案例中的幼儿行为你如何提供教师支持？

工作表单2

思考总结

结合已学知识，讨论行为观察对教师的意义有哪些。

工作表单 3

小组讨论

小组讨论：教师对幼儿行为引导的原则有哪些，引导的方法有哪些？

原则	方法

任务分析

本次任务旨在阐述观察对于教师的意义及行为引导的原则，让大家掌握指导幼儿行为的方法，以及明白每种方法适合哪种具体的行为。

学习支持

为加强教师队伍的专业素质建设，遵照《中华人民共和国教师法》以及《幼儿园教师专业标准（试行）》。教师要关爱幼儿、信任幼儿，尊重幼儿的个体差异，重视健康生活对幼儿健康成长的重要影响，创造积极向上的环境，让幼儿拥有快乐的幼儿园生活。在专业性的要求上，强调教师根据观察的内容，根据幼儿的表现和需要，及时调整活动内容，给予合适的引导。由此可见，教师在一日活动中对幼儿的观察、引导，以及对自身专业的发展和成长都尤为重要。

一、幼儿行为分析与引导的主要心理学流派观点

（一）认知心理学理论流派

认知心理学家皮亚杰关于幼儿认知发展阶段的主张，奠定了认知理论学派的基础。皮亚杰认为学习就是不断地对老经验进行突破，从而产生新的经验，建立新的认知的过程，幼儿的学习就是对自己动作和自身环境的不断探索。

因此，教师要以发展的眼光来培养幼儿逻辑性思考的潜能以及自主探索的能力。通过逻辑及推理，教师能帮助幼儿了解自己的行为及其对他人的影响，重点在于引导幼儿理解他人的感受，在幼儿了解自己的不当行为时，让他们知道为什么不能做，而不是简单地惩罚、训诫、限制或者警告。此外，作为成年人，应该让幼儿有更多的决定权和选择权，并承担决定和选择带来的结果，逻辑推理、决定和选择能让幼儿更好地发展自我控制的能力。这样，幼儿的行为会更具有主观能动性，而不是别人叫他做什么就做什么。

建构主义理论也考虑他人对幼儿学习的影响，此模型为社会建构模型。美国心理学家布鲁纳提出“鹰架”的概念，该概念认为家长或同伴能够帮助幼儿，使幼儿学习变得可操控，尤其是在对新知识的学习方面。如教师在引导幼儿解决问题时，让幼儿学会通过提问的方式来解决问题。

苏联的心理学家维果茨基的理论中也有对幼儿行为引导的建议。他的社会文化理论中认为幼儿是通过与相处的环境互动来进行学习的。他认为幼儿和成人或具有较强能力的同伴进行互动时学习得到的往往大于幼儿独自进行学习得到的，并把幼儿现有的能力水平和借助外力或成人帮助下达到的水平之间的距离称为“最佳发展区”，强调为幼儿提供经验的重要性，给幼儿足够的引导，使幼儿学习到新的知识或技能。这适用于幼儿学习知觉动作技能，如拼图；学习大肌肉动作技能，如骑车；学习社会技能，如人际交流。

（二）人本心理学理论流派

人本主义理论也关注幼儿行为的转变，但更突出成人或能力更强者对幼儿行为的引导与支持，成人与幼儿之间的互动必须建立在彼此尊重的基础上。人本主义所主张的是，为了帮助幼儿建立积极的行为习惯，改变不合适的行为，成人应在教育中创设成人与幼儿良好的关系环境。成人与幼儿互动时，要有自己的真情实感，保持真诚，只有在自由、轻松的氛围中，幼儿才能心情愉悦、活泼开朗，有兴趣去做更多的积极行为。

美国心理学家托马斯·戈登所写的《父母效能训练》中所提到的观点便是以人本主义为依托的。该书中明确指出对于幼儿出现的问题，先要确定问题的来源，当幼儿自己提出问题时，成人或教师应该尊重幼儿的权利，相信他们有解决问题的能力，因此，教师不应一味地劝告、引导幼儿，对其进行说教，而是应该积极倾听，将幼儿发出的信息返回给幼儿自己，这样可以提醒成人和幼儿正在沟通的主要问题是什么；同时，成人或教师应该鼓励幼儿自己去解决问题。当成人或教师提出问题时，则需要不同的方法。教师应该用“老师有一个……”的开头将问题信息告知幼儿，他们的动作给教师的感受如何。如“当我看到积木乱丢在地上，我担心如果有人不小心踩到，会摔跤，这样我会很伤心，很生气”；而不是用“你应该如何如何”的句式，如“你的积木如果没有收拾好，下次就不给你玩了”。

人本主义的理论提醒我们，在行为观察中引导幼儿时教师应该给予幼儿极大的尊重和充分的信任，要仔细地倾听，让幼儿坦诚地说出自己的感受，不要贬低、嘲笑，甚至羞辱幼儿，做到真正以幼儿为中心。

（三）行为心理学理论流派

微视频：《行为心理学理论流派》

行为心理学认为，行为本身没有对错之分，都是幼儿对环境和环境中的人做出的反应。当幼儿与同伴或成人互动时，是在具体情境中通过学习或模仿他人来进行回应，幼儿最终的行为都是根据他人的预期做出的适当反馈。在心理学中的行为主义流派看来，适当的行为和出现的问题都是受到环境影响的。若是适当的行为得到强化，该行为则会继续保持，出现的问题若得到强化则会继续增加；适当的行为或出现问题的行为若都没有得到强化，则会减少或消失。而幼儿的许多问题行为就是因为得到了关注而持续增强、变多，许多的适当行为也因为受到忽视而减少或消失。

美国心理学家班杜拉所提倡的社会学习理论属于心理学行为主义流派，该理论认为，幼儿是通过观察模仿他人，学习如何对各种情景做出反应的。当家长很有礼貌地相互问候时，孩子会模仿他所认同的人（家长）的行为模式与他人交流，有礼貌地同伙伴问候。此外，幼儿如果看到其他孩子因适当的行为得到表扬和奖励，会更多地模仿受鼓励的孩子的榜样行为。

行为心理学流派认为，幼儿的行为出现问题是一种正常的情况，这是因为幼儿的社会经验不足。成人应该运用系统的方法，将幼儿的问题行为转变为较适当的行为。例如，教师可以通过对幼儿好的行为进行奖励来促进幼儿养成好的行为习惯。另外，可以通过忽视幼儿的不适当行为来促使幼儿进行适当的行为。需要注意的是，如果问题行为会对他人造成伤害或会使人处于危险之中，教师一定要及时进行阻止，使其行为没有伤害性。

（四）精神分析心理学理论流派

精神分析理论源于奥地利心理学家弗洛伊德，该流派对幼儿的问题行为有着不同的观点和解释。美国心理学家德雷克斯在《孩子：挑战》一书中阐述，幼儿的所有问题行为都源于不恰当或者是错误的目的，幼儿出现问题行为是因为幼儿希望得到他人的关注或希望向成年人争取权利，也可能是幼儿对成年人表达一种反抗精神，或是当他们自己的预期目标未达成之时产生无助或失望。德雷克斯提倡通过鼓励合理行为来改变幼儿的问题行为，这样的效果往往大于单纯的奖励或惩罚。

美国心理学家埃里克森的心理社会发展理论认为成人必须清晰地了解幼儿每一个发展阶段的需要，认识到各个发展阶段幼儿必须面对的任务。如婴儿期（0—1.5岁）的发展任务为获得信任感，克服不信任感，获得预期被实现的体验。因此，为了提高婴儿的信任感，成年人必须提供一个和谐、充满爱的环境，坚实的信任感是建立积极的关系和能够充分引导幼儿发展的必要条件。幼儿期（1.5—3岁）的发展任务为获得自主感、克服羞怯和怀疑、体验意志实现。因此，他们需要更多的机会在安全、充满爱和合理的环境中尝试独立自主地解决问题。若无法自立，他们将带着羞怯和怀疑进入下一个阶段。学龄初期（3—6岁）的发展任务为获得主动感，克服愧疚感，实现目的。幼儿需要在没有成年人的指责和批评的环境中充分试探、满足他们的好奇心，并不断尝试新的冒险，如果失败，则会出现行为退缩的情况。

精神分析心理学理论给教师的启示是，当幼儿出现问题行为时，教师要谨慎地分析产生这类问题行为的原因。通常,幼儿的问题行为是幼儿对无法控制或无法了解的境况做出的回应,如父母离异、生病等,只有当成年人推测出幼儿问题行为产生的根源,才能较为合理地解决幼儿的行为中出现的问题。

(五)格赛尔的成熟理论

美国的发展心理学家格赛尔从生物学的角度出发,强调尊重幼儿的身心发展顺序,尊重其成熟的规律,遵循的原则有:(1)发展方向的原则。发展具有一定的方向性,即幼儿的发展的顺序为由上而下、由中心向边缘、由大动作到精细动作,而遗传机制决定了动作发展的方向。(2)相互交织的原则。人类的身体结构通常是左右对称的,对称的生理结构保证了机体能够保持平衡,进行平行的互动。(3)机体不对称原则。虽然人的身体在解剖结构上是对称的,但人类的一只手、一只眼、一条腿往往比另外一侧的更占优势,如右利手者的右手比左手在运用上更有优势。(4)个体的成熟原则。个体的发展建立在身体成熟的基础上,而成熟的顺序取决于基因,幼儿只有在身心都做好准备的基础上,才可进行学习,如著名的双生子实验就更好地说明了此原则。(5)自我调节的原则。幼儿能自行地调整自己的进食、睡眠的周期,自我的调整还能改善成长时因天性带来的不平衡和波动,幼儿的发展往往呈现“进两步,退一步,然后再进两步”的态势。

二、行为观察对教师的意义

(一)是教师了解幼儿的基础,尊重和关心幼儿的前提

教师有很多方式去了解幼儿,最常见的就是通过理论知识学习,如幼儿心理学和学前教育学中的不少理论可以帮助教师了解幼儿的身心发展规律。另外,也可以进行家访,通过采访家长了解幼儿的生活习惯,但这些了解方式了解到的都不是一手的资料,这些都是认识幼儿的间接方式。但是,如果对幼儿直接进行观察,观察获得的资料就是一手资料,通过理论去引导实践,再由实践反作用于理论。理论的学习是偏向对幼儿的共性进行了解,而幼儿作为独特的个体,每个幼儿之间都存在差异,只有通过实际的观察才能了解幼儿具体的个性如何,有什么需要和兴趣爱好。教师了解每个幼儿的不同后,才能针对这些不同做到因材施教;只有在了解幼儿的基础上,才能真正地做到尊重幼儿、关心幼儿。

（二）帮助教师更好地开展一日活动，促进幼儿健康发展

幼儿行为观察所注意到的问题往往是教师在教学活动中遇到的一些亟须解决的问题。专业的观察，就是在观察到的记录资料的基础上进行思考，既要思考活动中出现的问题该如何解决，又要思考该如何引导幼儿健康发展。正是通过这样的思考，教师可以更好地规划自己的行为、提高自己的责任感，系统地规划教学活动中有批判性的教育和教学行为，改进教学方式，提高教学质量。

（三）行为观察的专业性是衡量教师专业水平的重要指标之一

能进行专业的行为观察是幼儿教师专业能力发展中的一项重要指标，也是《幼儿园教师专业标准（试行）》对教师提出的要求。教师在幼儿园每周都要撰写观察记录，并且每月、每年的评优评先对教师进行考核时，观察记录会作为重要考核内容。教师对幼儿进行观察，写好的观察记录，不光可以让教师用来进行自我思考，也是教学研讨中可以拿来讨论的焦点。专业的观察记录可以更好地提升教师专业观察的水平，也是和幼儿进行沟通、不断反思的重要基础。所以幼儿行为观察是教师专业发展的重要途径之一，是衡量教师专业化的重要指标之一。

三、基于观察的幼儿行为引导

对幼儿的行为进行引导前必须经过观察，观察能帮助观察者了解其行为的原因，并通过学习心理学和教育学相关的理论知识，获得引导幼儿行为的基本方法。通过对幼儿的行为进行引导，给予幼儿良好的成长和学习环境，促进幼儿形成良好的行为习惯，丰富幼儿的技能，增强其行为能力，从而让幼儿实现德智体美劳的全面和谐发展。

幼儿的行为引导与幼儿行为发展的特点密切相关。幼儿时期是个体学习基本方法、生活技巧、运动技巧和学习技能以及适应社会性技能的关键期，也是思想启蒙和萌芽的阶段，在幼儿时期养成的良好习惯对于个体未来的发展至关重要。幼儿行为发展的客观规律决定了在幼儿阶段必须重视良好行为习惯的养成，一方面要促进幼儿正常的生长发育，另一方面要重视幼儿在创造力方面的提升。

（一）行为观察中行为引导的原则

1.主动性

主动性是指教师利用自身的专业知识对幼儿行为主动进行感知和察觉，能够利

用创设的环境优点积极地对幼儿的行为进行引导和矫正,这样才可使幼儿的问题行为有所改正。教师的主动性体现在:第一,教师培养幼儿良好行为的积极性和主动性。在一日活动过程中,教师要积极地去观察并了解孩子,积极地学习一些观察与引导幼儿行为的方法。第二,为孩子树立规则意识。要培养幼儿的良好习惯,要让他们知道什么行为是被社会所接受的,什么样的行为是社会所不能接受的。第三,学会合理地安排幼儿的一日活动,只有孩子在合理的一日活动中不断学习和健康成长才能降低不良行为习惯形成的可能。

2. 过程性

过程性是指教师在教育教学活动中进行的现场行为矫正也需要一个过程,需要较长的时间让幼儿循序渐进地取得进步,让不良的行为习惯慢慢转变。幼儿的不良行为是在日常活动、游戏活动、学习活动和与同伴的交往中表现出来的,幼儿产生不良行为的原因也是多种多样的,因此教师在幼儿不良行为出现时要及时、适宜地给予相应的引导。幼儿不良行为习惯的纠正不是一蹴而就的,必须经过不断的练习、不断的实践。在纠正幼儿不良行为的过程中,教师还要不断地为幼儿创造舒适的环境,不断给予其鼓励和支持,最终使幼儿形成良好的行为习惯。

3. 适宜性

适宜性是指教师在制订幼儿不良行为的纠正方案中,要充分地考虑幼儿的身心发展规律,以及年龄特点、学习特点、发展水平和情感需要等因素,以最适宜幼儿的方式进行不良行为的纠正,并做到积极引导。适宜性还体现在教师要选择适宜的教育的目标和内容,不能只把书本上的知识照搬照抄,但是可以适量借鉴书本上的知识。一定要考虑到幼儿本身的年龄特点和实际需要,不然制订再好的方案如果不适合幼儿,那也是一种无用之功。

四、幼儿的引导方法

对于引导幼儿形成良好行为习惯来说,良好的方法至关重要,要科学、有效地进行积极的引导,必须先了解引导方法。

微视频:
《幼儿的引导方法》

(一)角色扮演法

角色扮演是创造现实生活中具有积极行为的社会角色,让幼儿在角色扮演中去感受角色间的关系，感知和理解他人的感受、行为经验，从而掌握此角色在现实生活中良好的社会行为规范和社会对其的道德要求，让幼儿更好地习得积极行为。如当幼儿在乱扔玩具时，让幼儿扮演玩具的角色，让幼儿体会如果受到别人的这种对待会有什么感受，通过这样的方式让幼儿认识到乱扔玩具的行为是不可取的，这样有助于幼儿良好行为的形成，促进幼儿的健康成长。

（二）行为调控法

行为调控法是利用行为主义心理学的相关理论对幼儿的行为进行引导的一种有效方法。对于幼儿的符合社会要求的行为，教师进行奖励、鼓励，以此增加该行为的发生频率，此法叫作正强化。而当幼儿出现不符合教师预期和社会规范的行为时，可以对其冷处理或者是进行一定的惩戒，以此降低该行为出现的频率，此法叫作负强化。但行为调控法要求教师对所有的幼儿都要做到一视同仁，很多教师在运用此方法时经常对具体的程度掌控不到位。如当幼儿犯错后诚实地承认错误时，教师往往只会看到其犯的错误或者是只看到其诚实的行为，这样只强调其中的一面，幼儿就可能会曲解其中的含义，如果教师只关注诚实行为，容易让孩子认为犯错后只要承认就等于犯错没有惩罚，而如果教师只关注消极行为，又会犯另外一个错误，让孩子觉得诚实没有好处，甚至学会撒谎。所以教师在关注幼儿的行为时要注意其中处于主导位置的行为，既要孩子认识到错误，也让孩子认识到诚实的重要性。

（三）树立榜样法

树立榜样法是指教师要根据幼儿的身心发展特点，为幼儿树立良好的榜样，帮助幼儿形成良好的行为习惯。在运用此方法的过程中需要注意的是，树立的榜样要有代表性，且幼儿非常熟悉、经常接触，这样可以增加幼儿该行为的发生频率。生活中的榜样可以是他尊重的、有权威的成年人，也可以是童话故事里的人物，更可以是幼儿的玩伴。让幼儿认识到良好的行为不光能得到别人的认可，更对自己和他人都有益，这样幼儿才更容易养成良好的行为习惯。

项目小结

本项目主要学习了幼儿行为观察的概念、种类、作用，如何制订观察计划、实施观察，观察对教师的意义和引导幼儿的原则和方法。

直通赛证

一、选择题

1. 教育过程中，教师评价幼儿的适宜做法（　　）。

A. 用统一标准评价幼儿

B. 据一次测评结果评价幼儿

C. 用标准化测评工具评价幼儿

D. 据日常观察所获得的信息评价幼儿

2. 提出“最近发展区”这一概念的心理专家是（　　）。

A. 弗洛伊德

B. 马斯洛

C. 皮亚杰

D. 维果茨基

3.《幼儿园教育指导纲要（试行）》提出幼儿园教育工作评价应当以（　　）。

A. 幼儿评价为主

B. 家长评价为主

C. 教师自评为主

D. 专家评价为主

4. 萌萌怕猫，当她看到青青和小猫玩得很开心时，她对小猫的恐惧也降低了。从社会学习理论的视角看，这主要是哪种形式的学习？（　　）

A. 替代强化

B. 自我强化

C. 操作性条件反射

D. 经典条件反射

5.皮亚杰的“三山实验”考察的是儿童的(　　)。

A.深度知觉

B.计数能力

C.自我中心性

D.守恒能力

二、简答题

幼儿观察力初步形成的主要表现有哪些?

三、案例分析题

案例:教师出示饼干盒,问亮亮里面有什么,亮亮说“饼干”。教师打开饼干盒,亮亮发现里面装的是蜡笔。教师盖上盖子后再问:“欣欣没看过这个饼干盒,等一会儿我要问欣欣盒子里装的是什么,你猜她会怎么回答?”亮亮很快就说:“蜡笔。”

问题:(1)亮亮更可能是哪个年龄班的幼儿?(2)你判断的依据是什么?

实践实训

结合见习、实习的机会，学会制订观察计划，并在幼儿园实施观察计划，并尝试反思观察中遇到的问题等。

项目评价

主题	内容	优秀	良好	一般	较差	很差
学习态度	能准时参加全部课程，按时提交作业，及时查阅教师上传的学习材料	5	4	3	2	1
专业知识	了解幼儿行为观察的概念、类别、作用和意义	5	4	3	2	1
研讨精神	积极参与讨论，对其他人的发言能提出合理的分析和见解	5	4	3	2	1
团队协作	能很好地融入课堂小组讨论，与小组成员共同推进学习进程	5	4	3	2	1
沟通交流	能够清晰准确地表达自己的观点，与他人交流时态度、语气恰当	5	4	3	2	1
人文素养	树立幼儿行为观察与记录的正确观念，具有良好职业道德和教育观念	5	4	3	2	1
信息素养	会检索相关的文献资料，主动学习	5	4	3	2	1
实践应用	能根据行为观察的学习，制订观察计划并实施	5	4	3	2	1
自我小结						

推荐阅读

[1]教育部基础教育司.游戏·学习·发展——全国幼儿园优秀游戏活动案例选编[M].北京：人民教育出版社，2020.

[2]董旭花，等.幼儿园自主游戏观察与记录——从游戏故事中发现儿童[M].北京：中国轻工业出版社，2015.

项目二

观察与记录的方法

学习目标

知识目标

掌握叙述法、取样法、图表法、评价法的特点；了解行为评估的工具和量表；掌握观察方法的应用范围与注意事项。

技能目标

能够正确、合理地使用观察方法，按照预定的观察目标和指标进行系统的观察和记录；能够分析观察数据，找出行为变化的规律和因果关系，为对幼儿的发展评估与行为干预提供依据；能够使用叙述法描述幼儿的行为表现；能够运用取样法选择性地观察幼儿行为；能够使用图表法将观察结果进行整理和展示；能够运用评价法对幼儿行为进行评估与反思。

素质目标

树立平等尊重的师幼互动观；以细致入微的观察力、客观公正的态度和对细节把握的严谨性，通过描述、记录，分析幼儿行为背后的意义，从而了解幼儿需求和情感状态，提供其发展所需。

学习重难点

学习重点

1. 掌握叙述法、取样法、图表法、评价法的观察技巧。

2. 掌握叙述法、取样法、图表法、评价法的应用范围与注意事项。

学习难点

1. 能够采用不同的观察方法进行客观详细、严谨入微的观察并撰写记录。

2. 能够全面分析观察记录，掌握幼儿行为背后的身心发展规律和心理需求。

3. 根据观察记录和数据分析撰写精确、清晰、有针对性的观察报告与发展促进的对策方案。

思维导图

- 观察与记录的方法
  - 叙述法
    - 日记叙述法
    - 轶事叙述法
    - 连续叙述法
    - 三种叙述法优缺点
  - 取样法
    - 时间取样法
    - 事件取样法
    - 两种取样法优缺点
  - 图表法
    - 追踪图表法
    - 社交图表法
    - 饼状图法
    - 直方图法
    - 图表法优缺点
  - 评价法
    - 行为检核法
    - 等级评定法
    - 评价法优缺点

任务一

叙述法

任务目标

1. 熟悉叙述法中常用的几种观察与记录方法，掌握其基本要素和特点。

2. 了解叙述法（日记叙述法、轶事叙述法和连续叙述法）及其适合用于观察的场景，掌握记录的要点。

3. 理解三种叙述方法的优缺点。

任务准备

1. 物质准备：教学资料（视频、PPT、案例等）、纸和笔。

2. 经验准备：已了解一定的幼儿心理学、幼儿教育学理论知识和叙述法的概念、种类等基础知识。

工作表单

工作表单1

案例分析

炯炯是一位4岁的小朋友。今天是劳动日，班级的每位小朋友都接到相应的任务，打扫活动区域卫生。这时炯炯一个人来到美术区，将小方巾叠成了两层，用小方巾擦存放美工工具的柜子。这个柜子有3层，他先蹲下来，擦最下面一层，来回擦了3次。这时候，炯炯的小伙伴叮叮走了过来，问："你擦完了吗？"炯炯摇摇头，说："还没呢，你擦完了吗？"然后抬头看着叮叮。叮叮点点头，说："我擦完了。"炯炯说："我还有一会儿呢。"这时，叮叮看着炯炯，停顿了下，说："我们一起擦吧。"炯炯说："好的好的，我们一起擦，谢谢。"叮叮和炯炯继续擦柜子，炯炯把柜子最下层放着的两个箱子都拿出来，递给叮叮。叮叮接过后，放在旁边的桌子上，炯炯擦拭着这两个箱子之前所在位置，而叮叮则擦拭两个箱子的底部。叮叮擦完之后，他将两个箱子抬起来，递给炯炯，炯炯将箱子放归原位。最后，叮叮和炯炯拿着小方巾，放到盆里面，连续进行了几次搓洗，再将小方巾放回物品存放处，最后两个人看着彼此，都笑了。

思考：1. 教师从哪些方面观察幼儿的行为及其表现？

2. 教师采用何种观察方法进行记录？

3. 观察记录的要点与注意事项是什么？

工作表单 2

观察记录编写

叮叮，3 岁，男性，幼儿园小班幼儿。教师发现叮叮经常抢夺其他幼儿的物品，在建构区抢夺积木，在绘本区抢夺绘本，在绘画区抢夺水彩笔，户外自由活动时抢夺呼啦圈和小球。假设你为叮叮的老师，结合本项目学习的观察与记录方法，选用适合的方法，撰写一份叮叮的行为观察记录。

撰写：观察行为观察记录。

观察信息包括：观察对象、观察时间、观察方法、观察地点、观察情境、观察记录者、观察目的、幼儿行为表现记录、行为分析和教育建议。

工作表单3

小组讨论

对比分析日记叙述法、轶事叙述法和连续叙述法，讨论三种方法分别适用于哪些情境，并且总结这些观察方法的共性与个性。

适用情境	共性	个性
日记叙述法：		
轶事叙述法：		
连续叙述法：		

任务分析

本任务旨在掌握三种叙述方法，了解其分别适用的场景，掌握记录的要点，理解其优缺点。

学习支持

教育部印发的《幼儿园保育教育质量评估指南》，强调要聚焦班级观察，通过不少于半日的连续自然观察，了解教师与幼儿的互动情况，准确判断教师对促进幼儿学习与发展所做的努力与支持。同时教师要认真观察幼儿在各类活动中的行为表现并做必要记录，根据一段时间的持续观察，对幼儿的发展情况和需要做出客观全面的分析，提出有针对性的支持意见。

简而言之，教师要从幼儿园一日生活的每个细节、每个点滴，细致入微地记录与观察幼儿言行举止，从外在的行为表现，分析内在的心理活动，进而更好地了解幼儿的成长发展状况，做出普遍性与个别性兼具的回应，做幼儿成长的陪伴者、支持者。

叙述法，又称为描述观察法。是指观察者在日常生活情境中，对需要观察的对象详细观察并记录其行为或发生的事件的研究方法。此方法可以随时随地进行，基本不受外在因素的制约。叙述法还有三种子方法，即日记叙述法、轶事叙述法和连续叙述法。

使用叙述法进行观察记录时，有几点注意事项：

记录观察对象的基本信息（例如姓名、性别、年龄等）和事件发生的三要素（时间、地点和人物）；记录观察对象在情境事件中表现出的言行举止等；记录情境事件中，观察对象与其他人互动时，双方表现出的言行举止等。

在观察记录时，描述观察对象及其与他人互动时他人表现出的行为，要兼顾时间先后顺序的“轴”和情境事件的“层”，这样有利于记录的全面性与清晰性。对观察记录存在的疑惑或者思考等，可以用标注等方式在旁边记录，切勿将个人主观臆断写入客观事实之中。

一、日记叙述法

日记叙述法，又称日记式记录法。顾名思义就是以日记的形式，记录观察对象在各种各样的生活情境或实验情境中的行为表现。这种方法以时间先后顺序，记录观察对象某一方面或某几方面发展的变化。[①]这是一种纵向追踪的方法，可以通过多次的记录，分析幼儿发展的变化特点。例如，幼儿园小班的幼儿分享行为的特点、出现的场景、与他人互动的特点等。国内外学者通过日记叙述法，取得了重大的研究成果。

首先，最早使用日记叙述法的学者，是裴斯泰洛齐（1746—1827），瑞士民主主义教育家。他对自己孩子进行了3年以上的观察，于1774年将观察记录整理出版为《一个父亲的日记》。因为这部著作裴斯泰洛齐被誉为“世界初等教育之父、慈爱的儿童之父”。

其次，英国生物学家达尔文（1809—1882）长期记录观察自己孩子的心理发展历程，记录其动作、表情、观念等。达尔文1876年写成的《一个婴儿的传略》，被视为儿童心理学早期的专题研究成果之一，为儿童心理学的诞生奠定了前期基础。

再次，是德国生理学家和实验心理学家普莱尔（1841—1897）结合日记叙述法与实验研究法，对自己的孩子从他出生开始直到3岁每天进行系统性的观察记录，观察内容包括感知、意志（或动作）和理智（或言语）的发展。1882年，他将观察记录整理出版为《儿童心理》一书。此书被公认是第一部科学的、系统的儿童心理学著作，为科学儿童心理学奠定了基石，普莱尔也被誉为“科学儿童心理学的奠基人”。

最后，是我国著名的儿童教育家、儿童心理学家陈鹤琴（1892—1982）。1920年，初为人父的陈鹤琴，用照相机、钢笔开启了观察之旅，连续记录儿子从出生到808天的每一个反应。如第226天——喜欢在外游玩：他祖母时常抱他下楼到外边玩耍，今天他被抱在祖母手里看见楼梯，身子向着楼梯就要下去，他祖母特意转身向房里走，他就哭了；再抱向楼梯他就不哭，后来抱他下楼去，就很开心了。基于心理学的理论知识，陈鹤琴整理了大量观察和实验数据，不仅编成讲义，在课堂上讲授儿童心理学课程，还在1925年系统专业地汇编成《儿童心理之研究》。此书是中国儿童心理学的一本开拓性著作。日记叙述法的观察记录流程经过四个环节：确定观察对象—记录客观内容—分析观察对象的行为表现—评价并提出建议。

通过学习日记叙述法，乐乐妈妈对乐乐有如下观察记录：

① 施燕，韩春红.学前儿童行为观察（第2版）[M].上海：华东师范大学出版社，2020.

表2-1 乐乐妈妈在家中对乐乐某一个场景的观察记录

观察对象	乐乐	性别	女	年龄	4岁半
观察地点	家中			观察时间	周末7:30—8:30

早上7:30左右，推开乐乐的房门，我坐在床边，轻轻地叫着："乐乐，该起床了，早上要去奶奶家了。"我说完之后，乐乐并没有任何反应。接着，我摸了摸乐乐的脸，温柔轻声又说了第二遍"起床了，要出发了"。这时，乐乐抬起右手，揉了揉自己的眼睛并张开眼睛看着我。我略带严肃地又说了第三遍"起床了"，乐乐注视着我的眼睛，对我点点头，说："好的。"我把衣服放在床上，说："我先出去，你自己穿衣服。"乐乐点点头。

7:50乐乐从房间出来，走到了卫生间。拿出小凳子，左脚先踩在凳子上，右脚再踩上去，站在凳子上，保持好身体稳定。右手拿起牙膏，用大拇指、食指和中指挤牙膏，挤出一些牙膏后，左手大拇指、食指拿起牙刷沾了些牙膏。接着，右手放下牙膏，拿起水杯，喝了一小口水，吐出来后，放下水杯。右手大拇指、食指和中指三指捏起牙刷，放入口中，开始从上往下刷上牙，从下往上刷下牙，沿着牙缝，对牙齿进行清洁。大约三分钟后，乐乐把水杯、牙刷和牙膏放回原处。

接着，乐乐右手抓过挂钩上的小毛巾，左手拿住洗脸盆的边缘，右手将小毛巾放于洗脸盆之中，打开水龙头。等水打湿小毛巾，乐乐关闭水龙头，左右手分别拿住小毛巾的两侧，揉搓了三下后，右手将小毛巾叠成两段长方形，左、右手抓着毛巾两端，用力旋转，第一次旋转力度不够，还有水滴下，再旋转第二次。当小毛巾被基本拧干后，乐乐用毛巾先上下抹脸，再按顺时针和逆时针方向抹脸。

清洗小毛巾和抹脸的动作重复两次后，乐乐将物品归位，准备下凳子离开，我说："乐乐，台面上还有水渍，需要用纸巾擦干净。"乐乐听后右手抓过洗脸台上的纸，将台面的水渍擦干净后，丢进垃圾桶。

乐乐右脚先下凳子，回到地面，左脚再下，直到双脚都站稳。当乐乐准备离开卫生间时，我说："乐乐，你的凳子，需不需要擦干净和放回原处？"乐乐说："要擦干净的，也要放回。"于是乐乐右手拉开卫生间门，取下挂在门背后专门擦凳子的毛巾，蹲下来擦拭凳子，从凳子的左边擦到右边，擦了两遍后。我说："乐乐，你用手摸一摸凳子，看看上面还有没有脏东西。"乐乐用右手摸一摸凳子表面，抬起手看一看，然后把擦凳子的毛巾和凳子都放回原处，打开水龙头洗了洗手就离开了卫生间。

分析：

4—5岁幼儿发展特点。

动作发展：

1. 具有一定的平衡能力，动作协调、灵敏（能双脚灵活交替上下楼梯）。

2. 手的动作灵活协调。

续表

生活习惯与生活能力： 1. 具有良好的生活卫生习惯(每天早晚刷牙且方法基本正确)。 2. 具有基本的生活自理能力(能自己穿脱衣服、鞋袜，扣纽扣；能整理自己的物品)。 **语言发展：** 1. 能认真听并听懂常用语言(别人对自己说话时能注意听并做出回应，能结合情境感受到不同语气、语调所表达的不同意思)。 2. 愿意讲话并能清楚地表达(愿意表达自己的需要和想法，讲述比较连贯)。 3. 具有文明的语言习惯(别人对自己讲话时能回应，能根据场合调节自己讲话声音的大小)。 **社会性发展：** 遵守基本的行为规范(在成人提醒下，爱护玩具和其他物品，感受规则的意义，并能够基本遵守规则)。
评价： 1. 乐乐身体平衡能力较好，能够独立、灵活、协调地上下凳子，平稳下蹲； 2. 左右手能够较好地协调配合完成拿、放、抓、旋转等动作； 3. 能够自主正确穿衣、刷牙和整理个人牙具等物品； 4. 能注视他人，对他人说的话注意听，做出点头、语言表达、行为动作等回应； 5. 能理解与遵守规则，知道用过的物品要归回原处；能够在成人的提醒下，爱护与归位物品。
建议： 1. 幼儿园与家庭环境中可以创设条件和机会，促进幼儿精细动作发展，在安全的前提下提供画笔、剪刀、纸张等工具，由幼儿自主画、贴、剪等。 2. 提供幼儿生活自理的条件，鼓励幼儿做力所能及之事，有困难时给予其鼓励，教会其生活自理的基本方法。 3. 创造幼儿沟通表达的适宜环境，每天与幼儿进行交谈，尊重和接纳幼儿的表达方式，认真倾听与积极回应。 4. 成人在表述时语言清晰简洁，当幼儿表达不清时，可提醒其慢慢说，并耐心询问，帮助其理顺需表达的内容。 5. 在日常生活中树立规则意识，以身作则，树立良好榜样。利用生活中的各种情景，引导幼儿了解规则的重要性。幼儿园可以创设情境，让幼儿体会没有规则之后的不便，鼓励其制订规则并自觉遵守，及时提醒幼儿遵守社会规则，鼓励其正确行为，纠正其违规行为。家庭中，可以建立规则奖惩机制，由幼儿与父母共同协商制订能够规范幼儿与成人的双向规则。

二、轶事叙述法

轶事叙述法，其核心在于“轶事”二字。主要是指观察者受自身“兴趣点”影响，选取有价值、有意义、新颖奇特的行为事件作为主题进行观察和研究。轶事叙述法，需要观察者以白描的语言，叙述观察对象在相关行为事件上的种种表现，包括与观察对象交往互动的其他人。将他们的“正常”与“奇怪”言行表达与互动皆记录下来，为后面的整理归纳、行为分析提供详细数据。①

轶事叙述法需要观察者按照行为事件发生的先后顺序进行连续、详细的记录，记录的内容既要包括观察对象、行为事件等基本信息，又要详细记录该事件发生的原因和结果。观察记录的信息越丰富、越详细，越有助于观察者厘清事件中的每个要素，避免人为割裂，有效区分主观感受与客观真实描述。②

轶事叙述法包括有主题和无主题两种。两者的区别在于是否事前预设观察目的。有主题的轶事叙述法，是在自身兴趣点下，寻找某一行为事件加以观察研究。比如了解“建构游戏中，中班幼儿合作行为发展表现”。而无主题的轶事叙述法，则是在观察过程中，发现某个“兴趣点”加以观察研究。比如在观察过程中看到中班的幼儿与同伴发生冲突行为，则接下来在不同的活动情境中，都去观察中班幼儿与同伴的冲突行为。有国外学者曾将幼儿的攻击行为作为“轶事”的主题，通过两周的自然观察对幼儿表现的身体攻击、研究攻击和关系攻击行为评分，更好地掌握幼儿的攻击行为表现。③

三、连续叙述法

微视频：
《连续叙述法》

连续叙述法，又称为实况叙述法，是指观察者根据观察目的、观察对象特点等，综合拟定某一时间范围，在该时间范围里，观察者将观察对象所有自然状态下的表现和活动客观真实、详尽完整地记录下来，再基于观察记录所得的材料，进行非主观推断和分析的方法。

该方法重在“连续”“实况”。因而需要观察者记录的细节内容完整全面，只要翻看观察记录，记录就能如图像一般再现当时的现场情景。记录的细节要包括观察对象本身的言行举止、与之互动的人的言行举止和该行为事件发生和发展的全过程。

① 曹桂莲.0~3岁儿童亲子活动设计与指导[M].上海：复旦大学出版社，2014.

② 莎曼，等.观察儿童·实践操作指南（第三版）[M].单敏月，王晓平，译.上海：华东师范大学出版社，2008.

③ 孙诚.幼儿行为观察与指导（第2版）[M].长春：东北师范大学出版社，2019.

有研究者为提高美国学前教育课堂质量，将课堂质量的每一要素进行编码，再通过此研究方法进行观察。从而评估教育教学的质量受到哪些因素影响、制约，如何更好提高质量，从而为研究者、决策者和教师提供课堂环境质量等相关信息。①铁事叙述法和连续叙述法的观察记录流程经过四个环节：确定观察对象—记录客观内容—分析观察对象的行为表现—评价并提出建议。

以下是一位老师结合轶事叙述法和连续叙述法，对一位同学进行观察并做出的记录：

表2-2　老师在幼儿园对嘉嘉亲社会行为的观察记录

观察对象	嘉嘉	班级	小二班	年龄	4岁	性别	男
观察地点	幼儿园	观察时间	2023年5月14日9:30—16:30			编号	12

观察背景：

A教师对幼儿的亲社会行为感兴趣，于是以小二班的幼儿为整体观察对象进行观察。嘉嘉是A教师观察的第12个对象，A教师把2023年5月14日9:30—16:30作为时间范围，观察嘉嘉在不同活动场景中的亲社会行为表现。

观察内容：

1. 第一次观察（手工区，上午10:10）

今早10:10，老师带着小二班的小朋友来到手工区，说今天带大家做的是小风车。老师请小朋友们依次排队站好，按照顺序上来领取制作小风车的材料，一个纸杯、一把剪刀、一张面巾、一根吸管和一支彩笔。当小朋友们都领走自己的材料时，老师就开始进行示范。老师先请小朋友们拿起纸杯，观察纸杯。老师问："纸杯上是不是有五个小点和五条线？现在我们需要沿着这五条线将杯子分成五个小块。"于是老师拿起剪刀，沿着五条线一次将杯子剪出了五个边。接着，老师就请小朋友们进行尝试，强调使用剪刀时，一定要注意安全。嘉嘉左手将杯子握在手中，右手三指（拇指、中指和食指）拿起剪刀，将剪刀放在第一个小点和第一条线处，眼睛一直注视，开始沿着线条进行裁剪。第一条线剪完后，嘉嘉开始剪第二条，剪的过程中眼睛一直注视着纸杯，没有额外的动作，且剪得比较顺利，偶有力度控制不好，剪超出线条一点的情况。五条线剪完后，嘉嘉依次打开，每一块的大小不完全均等，第三、四块略微有些宽，嘉嘉看了后，脸上扬起笑容点了点头，举起手，跟老师说："老师，我剪完了。"老师走到嘉嘉旁边，说："嘉嘉完成得挺快，剪的长方形也比较规整，注意力很集中，有点不好的就是，力度控制不太好，有些地方剪超出了线一点，但总体是很棒的，完成度很高，剪线的重合度很高，速度也很快。"嘉嘉听完后，脸上的

① 夏靖.轶事记录法在幼儿评价中的应用[J].学前教育研究，2003(Z1)：50-52.

续表

笑容又展现出来，说：“谢谢老师。”老师说：“已经完成的小宝贝们，可以在位置上等一等其他同学，等所有同学都完成了，我们就开始下一步。”嘉嘉听完后，就坐在凳子上，这时他往右转头，看到身旁的睿睿还没有完成，还在剪第三条线。嘉嘉走到睿睿身边，旁观了一会儿说：“怎么还没有剪完？”睿睿说：“剪刀不好用。”嘉嘉听完后，说：“我剪完了，我把剪刀给你。”于是把剪刀递给了睿睿，睿睿说：“谢谢。”接过剪刀后，开始剪。嘉嘉就在睿睿身旁看着睿睿剪，睿睿剪到第四条线时，听到老师说：“还没有完成的小朋友，需要加快点速度。”睿睿的注意力有点分散，剪刀没有对准第四个点，剪了一个小口子。嘉嘉说：“剪错了，剪超出了。”睿睿很快把注意力转回到杯子上，认真剪剩下的线。最后睿睿剪完了，展开五块长方形时，嘴角上扬，开心地对嘉嘉说“太好了，剪完了。”嘉嘉说：“你剪得真好。”这时，老师看到每个小朋友都已经完成了第一步，说：“现在我们开始第二步，将五块长方形的边缘剪成圆边，在直边处先画上一条圆边线，对准进行裁剪。”主班老师开始进行示范，并逐一对小朋友们进行指导。嘉嘉说：“你用我的剪刀吧，你的剪刀不好用。”睿睿说：“谢谢，你也要剪，我再去找一把。”睿睿找主班老师拿了一把剪刀后，回到座位，对着嘉嘉笑了笑，嘉嘉也笑了笑，两个人开始拿笔画圆边，进行裁剪。 2.第二次观察（建构区，下午15:30） 下午嘉嘉跟随老师来到建构区，老师说：“今天我们的主题是搭建桥，小朋友们都见过很多的桥，那么一会儿就请小朋友按照自己见过的桥来搭建吧。”这时嘉嘉拿了四个大圆柱体、两块短的长方体、两个小的圆柱体和一个半圆柱体、两块很长的长方体木板。首先他将四个圆柱体依次排列，左手拿起一块短的长方体，右手举起长方体的右端，将其放在四个圆柱体的上方；接着将一块短的长方体按照刚刚的方式叠在另一块短的长方体的上面；再把半圆柱体放在两个短的长方体上面，将两个小圆柱体立在半圆柱体旁边；最后将两块最长的长方体木板叠在之前的两块长方体木板上。叠好以后，嘉嘉站了起来，后退了三步看自己搭的桥，把最长的两块长方体木板拿下来，再退后两步之后看了看，又重新组合。这个时候，老师走过来，问：“嘉嘉，怎么样了呢？我看到这两块最长的木块放下来又拿上去，是遇到了什么困难？” 嘉嘉说：“老师，我搭的这个桥和我看的不一样。” 主班老师问：“是哪里不一样？” 嘉嘉说：“我看的桥没有这两块长的，但是半圆下面的长方体要更长一些。” 老师说：“这样呀，你要思考下，怎么才能搭建成你看过的桥。” 嘉嘉思考了下，看向老师说：“将短的两块长方体排成一排。” 老师看着嘉嘉点了点头，说：“你试一试。” 接着嘉嘉就按照自己的想法重新进行搭建，搭建后开心地说：“老师，老师，搭好了。”老师走到嘉嘉身边问：“搭成你看到过的桥了吗？”嘉嘉点点头，露出愉悦的笑容，说：“就是这种。”并向老师介绍每个部分的功能与这样搭建的原因。

续表

老师说:“嘉嘉,你的记忆真好,能够记住看过的桥,并搭建出来了,讲解清楚每个部分,真棒。”嘉嘉脸上露出笑容,嘴角往上扬,笑眯眯地看着老师。 这时,栗栗小跑到主班老师身边,拉了拉老师的手。主班老师蹲下来,看着栗栗,轻声问道:“怎么了呢?”栗栗看了看老师,说:“老师我的木板不够,需要长方体的一块。”老师说:“别急,积木区还有你需要的木板吗?”栗栗摇摇头,说:“没有了。”老师说:“那你带我去看看你搭的形状,一起看看缺的地方可不可以用其他物品替代。”栗栗点点头,准备拉着老师走时,嘉嘉说:“老师,我这里有两块。”栗栗听到后,立刻转身,看了嘉嘉一眼后,立刻又低下头,拉着老师的手。这时老师问:“嘉嘉,你的木板不需要了吗?”嘉嘉点点头,指了指地上的两块木板。老师转头看着栗栗说:“栗栗,你看看这是你需要的木板吗?”栗栗点点头。老师说:“栗栗,我们之前说过想要借别人的物品需要怎么样?”栗栗说:“要礼貌地借。”老师说:“栗栗真棒,那要怎么做?”栗栗看着老师的眼睛,教师微笑后点点头,栗栗来到嘉嘉面前,小声说:“嘉嘉,你可以把这两块木板借给我吗?”嘉嘉点点头,双手从地上拿起两块木板递给栗栗,栗栗笑眯眯地接过积木,说:“谢谢。”嘉嘉笑着说:“不客气。”教师说:“栗栗,现在你有想要的积木了,继续搭建你的图形,老师马上过来看。”栗栗点点头,对着老师和嘉嘉笑了笑,快步回到自己的区域。教师看着嘉嘉,说:“你真棒,能够把物品分给其他小朋友,你真是一个助人为乐的好孩子。”嘉嘉听后笑了笑。
分析: 3—4岁幼儿发展特点。 **认知发展:** 1. 能正确认识各种形状。 2. 无意识注意为主导,有意识注意初步形成,注意力集中的程度不稳定,注意范围比较小,集中注意力时长仅为3—5分钟。 3. 具体形象思维为主,依赖于事物的形象或者事物彼此之间的联系。 4. 无意识记忆、形象记忆、情境记忆占优势,记忆时间与容量在增长。 **动作发展:** 手的动作灵活协调(能沿直线用剪刀剪纸,并使边线基本吻合线条)。
社会性发展: 1. 喜欢交往(喜欢和小朋友一起游戏)。 2. 表现中体现出自尊、自信、自主(能根据自己的兴趣选择游戏或其他活动,为自己好的行为或活动成果感到高兴)。 3. 能与同伴友好相处(想加入同伴的游戏时,能友好地提出请求)。 4. 遵守基本的行为规范(知道不经允许不能拿别人的东西,借别人的东西要归还,爱护玩具和其他物品)。

续表

语言发展： 1.认真听别人说话并能听懂常用语(别人对自己说话时能注意听并做出回应,能听懂日常会话)。 2.愿意讲话并能清楚地表达(愿意在熟悉的人面前说话,愿意表达自己的需要和想法,必要时能配以手势动作)。 3.具有文明的语言习惯(能在成人的提醒下使用恰当的礼貌用语)。 **数字概念发展：** 认知5以内的数字、能够手口一致点数;了解5以内数字的意义。 **建构游戏发展：** 能用平铺、延长、围合、堆高、加宽、盖顶等基本技能构建造型简单的物体形象。 **游戏特点：** 处于联合游戏阶段。
评价： 嘉嘉在两次事件中,表现出亲社会行为——助人行为,符合观察的“轶事”主题。 事件一中,嘉嘉能够沿着轮廓线完成简单图案的裁剪,使边线基本吻合;会观察别人操作,并进行语言交流;看到同伴有困难会主动乐于分享;注意力的稳定程度与集中性较好;得到老师的表扬时,表现出自信与自主。 事件二中,嘉嘉能够认识各种形状;进行建构游戏时能够利用平铺、延长、堆高搭建简单的物体形象,搭建的水平不高,相对简单;能够以现实中看过的桥作为具体形象来进行搭建,记忆与思维兼具形象性;能够认知5以内的数;注意力稳定性较好;对积木图形的搭建成功表示出喜悦;能认真地聆听老师的话语并做出回应,能清晰表达自己的需求;当老师来了解自己的积木搭建情况时,乐于讲述搭建的各个部分的功能,能按照自己的想法进行积木搭建;能够在别人有需要的时候,把材料分享给别人。
建议： 可以适当给嘉嘉创设环境,使其处于群体活动中,观察群体活动中嘉嘉的助人行为特点;可以适当增加嘉嘉搭建积木和裁剪物品的难度,丰富建构内容,使嘉嘉的经验更丰富,提升嘉嘉的建构水平。

四、三种叙述法优缺点

三种叙述法各有其优缺点,具体如表2-3。

表2-3 三种叙述法的优缺点

	方法	优点	缺点
叙述法	日记叙述法	1. 简单方便，易于操作。可随时随地进行，可根据观察目的，持续进行观察记录。这种方法不需要经过特殊的训练与培训，只需在观察情境中，将幼儿的言行举止等全部记录即可。 2. 系统连续性较强。这种方法偏向个案研究，可观察记录下某个幼儿从入园到毕业的动作、语言、人际交往等方面的种种表现，进而较全面地了解其发展特点。 3. 提供对比变化。日记叙述法记录了长期追踪的观察数据，因而既可以对比分析个体的发展变化，也可以与发展标准等进行比较，进而分析幼儿在成长过程中的闪光点与需要完善的点，为教育教学、健康成长、营养膳食等提供数据支撑。	1. 观察对象窄。日记叙述法需要观察者进行长期、系统的观察，才能收集到全面、有变化的数据。因而日记叙述法不适用于幼儿教师对班级里的每个幼儿进行观察，相较而言，比较适合家长对自己的孩子观察记录。 2. 观察样本数量少，缺乏代表性。观察的特点和要求制约观察的普适性，因为被观察对象的数量少，仅有一个或者几个样本数据，缺乏代表性，不能作为普遍性结果。 3. 观察记录存在偏差。受观察者内部因素与观察对象、观察情景等外部因素综合影响，或由于记录不及时，可能使观察记录带有主观色彩，造成观察记录的非客观性。
	轶事叙述法	1. 简单方便，可兼顾目的和兴趣点。轶事叙述法既可有预设的观察目的，也可根据自身“兴趣点”，选取幼儿的具体场景、事件，作为观察、研究点，并随时随地进行观察记录。 2. 观察记录内容较为详尽。该方法不仅需要记录观察对象、观察事件的基本信息，而且还需要将事件发生的背景、原因、结果等记录下来。翔实全面的观察数据能够为观察者了解幼儿提供扎实的支撑。	1. 易受观察者的主观影响，带来偏见。“轶事”是观察者基于兴趣点进行研究的，可能给同行阅读观察记录资料时带来偏见。例如，某教师关注于幼儿的“攻击性行为”，因此所有的观察记录都仅聚焦于此。 2. 记录内容与理解不一致，造成偏差。使用轶事记录法，不能一字不落将整个事件立刻现场记录下来。因此需要观察者先用简略的语句、关键词等进行描述，事后再进行完善，在这个过程中，可能无法原封不动地呈现事件原本的面貌，造成分析结果与事实、观察者与其他阅读者理解的不一致。

续表

<table>
<tr><td rowspan="2">叙述法</td><td>轶事叙述法</td><td>3.观察记录内容较为客观。轶事叙述法需要用白描的手法进行记录，也就是将观察对象表现出的种种行为进行记录，不需要太多的修饰描写。
4.观察记录内容可兼具深度与广度。该方法观察记录的某“轶事”，可成为观察者持续关注的研究点，从不同的活动情境、不同年龄段幼儿等方面进行持续、深入的探究，继而收集更多关于该“轶事”的观察数据，以得出更加系统、全面的结论。</td><td>3.取样代表性不足。“轶事”可能是某一小部分学前幼儿表现出来的行为，而非普遍性行为，数据结果不能代表整体。如果要持续进行该“轶事”的研究，需要投入大量成本。
4.易在兴趣点的影响下，偏离观察目的。轶事叙述法是观察者在兴趣点影响下开展观察，因而记录的过程中可能难以完全记录有价值、能确切说明问题的数据，这可能会给后续的资料分析带来困难。</td></tr>
<tr><td>连续叙述法</td><td>1.观察记录内容详细完整。连续叙述法需要将观察对象在情境下发生的事件详尽客观地描述。有助于观察者从不同角度探查观察对象行为的背后原因，反映发展特点。
2.为课程优化完善提供多源数据对比。连续叙述法，可以为课程的开发、完善提供幼儿、教师不同角色的多源数据，从数据中分析课程实施前后的变化，找寻课程的优缺点，提供优化的思路和支撑。
3.操作方便，适用范围广，观察时间灵活。该方法可以结合传统与现代观察记录手段，平铺直叙、朴实无华地描述观察所见所闻。可对个体或团体进行观察，时间也可根据目的等灵活调整。</td><td>1.投入成本大。由于该方法需要将某一段时间内，多个观察对象的所有行为表现都记录下来，后期还需要进行筛选、分类、分析等，因而需要投入大量的人力、物力和财力，相对而言耗时耗力。
2.对观察者的专业素养要求高。连续叙述法，重点在记录“实况”，需要观察者仔细观察，几乎不可遗漏。而观察对象某些行为可能就只出现一刹那，所以说对观察者的敏感程度、速记、精准回忆、补记等要求很高。</td></tr>
<tr><td>对比</td><td colspan="3">1.日记叙述法适用于个案追踪，轶事叙事法和连续叙述法适用于个案与团体。
2.若使用连续叙述法，需在观察前就确定观察事件行为，而使用轶事叙述法可以在观察前确定，也可在观察过程中因偶然发现某个事件而确定观察事件。
3.连续叙述法基本是现场记录，而轶事叙述法是事后回忆记录，回忆记录内容不如现场记录准确。
4.日记叙述法和连续叙述法都需要耗费大量的时间和精力。</td></tr>
</table>

任务二

取样法

任务目标

1. 要熟悉取样法中常用的几种观察与记录方法，掌握其基本要素和特点。

2. 了解取样法（时间取样法和事件取样法）及其适合用于观察的场景，掌握记录的要点。

3. 理解两种取样方法的优缺点。

任务准备

1. 物质准备：教学资料（视频、PPT、案例等）、纸和笔。

2. 经验准备：前期课程中了解到取样法的一些基本的概念，有幼儿园见习经验，对幼儿进行过初步的观察记录。

工作表单

工作表单1

案例分析

王老师打算观察班级中的15位幼儿是否有用工具进行攻击的行为，以及行为发生的次数和持续的时间等。王老师以上午9点—10点为时间范围，在这一小时内观察幼儿是否出现目标行为。她要将60分钟平均分配给15位幼儿，即对每个幼儿都要进行4分钟的观察。为了获得具有代表性的行为，王老师决定每星期进行两个时间段的观察，总时长都为1小时，每个对象的观察时长都为4分钟，总共进行为期两个星期的观察。王老师决定改变外在环境，第一个星期进行观察时，减少投放在活动中的玩具数量，第二个星期，增加投放在活动中的玩具数量，观察这两种不同情况下幼儿的表现。观察结束后，每一个幼儿大概会有共计16分钟的行为记录。那么这16分钟中出现的用工具攻击行为及其发生频率就代表了这个幼儿在两种情况下，用工具进行攻击的行为发生的次数和持续的时间。

思考：1. 教师要从哪些方面观察幼儿的行为及其表现？

2. 应采用何种观察方法进行记录？

3. 观察记录的要点与注意事项是什么？

工作表单2

实践应用

自我拟定观察目标，采用时间取样法，进入幼儿园进行观察记录，撰写观察记录报告，并对观察目标进行分析。

撰写：观察记录报告。

分析：对观察目标进行分析。

工作表单3

小组讨论

通过观看延迟满足——棉花糖实验，采用事件取样法，对幼儿的自我控制行为进行观察，把行为归类并记录幼儿自我控制的具体行为表现，并记录不同自我控制行为出现的频率。

微视频：
《棉花糖实验和延迟》

名字	自我控制类别	行为表现	出现的频率

学习支持

在观察研究中，取样法可以帮助研究者从大量的数据中选取一部分具有代表性的样本进行研究。在取样法中，目标行为的选择至关重要，合适的样本能够让研究者从部分探究整体的情况，为研究者提供有价值的反馈信息，帮助研究者更好地了解被观察者的行为表现。为了获取具有代表性的样本，需要观察者选择能够尽可能覆盖不同类型的观察情境和观察群体，以提高观察目标取样的代表性和有效性。此外，在获取有效、有代表性的目标行为数据后，要对其进行深入分析和评估，以便发现所研究的目标行为的问题或优势，为后续教育指导提供参考。

使用取样法，首先，需要确定观察的行为，明白观察行为的语义性定义。语义性定义是指直接用语言文字叙述被界定的概念的特征与性质。其次，当厘清语义性定义后，需将语义性定义进行内部分类，并进行操作性定义。操作性定义是指将抽象化的特征与性质，转化为可操作、可观察、可测量的具体性现象或活动行为。如“幼儿亲社会行为的培养研究”“幼儿亲社会行为”的语义性定义是指幼儿与他人在社会交往中表现出的既符合社会期望，又有益于他人和社会的行为。研究者或者观察者需要将整个概念下一个操作性定义，即让“幼儿亲社会行为”指“能体谅别人的感受、很乐意与别的孩子分享东西（零食、玩具等）；如果有人受伤、不舒服或是生病，孩子很乐意帮助；经常自愿地帮助别人（父母、教师或其他小孩）”等，符合的越多，表明幼儿亲社会行为程度越高。再次，根据行为发生的频率、次数和时间范围内记录的观察事件，确定取样法的重点，就是在设定的时间范围内，记录不同情境下的目标行为的发生情况。这种方法方便便捷、简化客观、易于操作。最后，选择适合的方法类型，取样法有两种类型，一种是时间取样法，另一种是事件取样法。

一、时间取样法

微视频：
《时间取样法》

时间取样法，核心词在时间，是指预先确定观察的时间范围和时间间隔，以时间间隔为取样单位，记录观察对象的目标行为，主要是记录其是否发生，包括发生的次数、频率和持续的时间等，从而了解观察对象的行为特点。需要注意的是，观察记录的结果要记录到事先拟定的编码记录表中。即观察对象的目标行为，在观察记录之前应进行细分，每一个行为需用不同数字或者字母等符号编码。该方法有连续与非连续两种，连续时间取样法是指观察者在每一时间间隔内观察记录目标行为，非连续时间取样法则指观察者先观察前面一个时间间隔中出现的行为，后一个时间间隔则对前面的行为进行记录。[①]此外，该方法的时间间隔分为固定和随机两种。固定间隔即观察记录的时间固定，比如每个观察对象都进行10分钟的观察，再用20秒左右观察与记录其目标行为。而随机间隔即观察记录的时间随机，只需要以相同时间观察目标行为。如观察者随机选取一堂课程的前25分钟为观察范围，每次用1分钟记录观察，25分钟内观察多次。

时间取样法由美国明尼苏达大学的儿童心理学家沃尔森教授，在20世纪20年代研究正常儿童神经性习惯时提出。到现在为止，在多样化的科学技术手段和大量科学研究经验的助力下，该方法不断发展完善，现在的研究者们可以借助摄像机、录像机等工具记录下所需观察目标的目标行为，再经过软件整理、计算、分析等，对所收集的数据结果进行更为客观、科学、全面性的阐述。时间取样法的观察记录流程经过四个环节：确定观察对象—记录客观内容—分析观察对象的行为表现—评价并提出建议。

以下是一个观察记录示例：

表2-4 教师在幼儿园绘本区对方铭、优雅和岚喏注意力分散的观察记录

<table>
<tr><td rowspan="3">观察对象</td><td>方铭</td><td rowspan="3">性别</td><td>男</td><td rowspan="3">年龄</td><td rowspan="3">三岁</td><td rowspan="3">班级</td><td rowspan="3">小三班</td></tr>
<tr><td>优雅</td><td>女</td></tr>
<tr><td>岚喏</td><td>女</td></tr>
<tr><td>观察地点</td><td>幼儿园绘本区</td><td>观察时间</td><td colspan="3">2022.8.4
9:05—9:10</td><td>编号</td><td>3、4、5</td></tr>
</table>

注意力分散表现：

A（无关小动作）、B（左顾右盼，东张西望）、C（找他人说话）、D（无法安静活动，离开座位）

观察对象	1分钟		1分钟		1分钟		1分钟		1分钟		总次数
	30秒	60秒	30秒	60秒	30秒	60秒	30秒	60秒	30秒	60秒	
方铭			A			B		C	C		4
优雅							B		A		2
岚喏							A		B		2

① 张秀春.时间取样观察法的优缺点及其适用性问题[J].辽宁师范大学学报(社会科学版)，2004，27(2)：52-54.

续表

分析： 此年龄阶段幼儿以无意识注意为主导，有意识注意初步形成，注意力不稳定，注意范围比较小，集中注意时长仅为3—5分钟。 5分钟内，方铭注意力分散了4次；优雅注意力分散了2次；岚喏注意力分散了2次。其中以B（左顾右盼，东张西望）和A（无关小动作）举动出现次数最多，各有3次，C（找他人说话）有2次。3名幼儿中，优雅和岚喏注意力集中性与稳定性要优于方铭，前两者在第4分钟才开始出现注意力分散，后者在第2分钟开始出现注意力分散。
评价： 幼儿注意力以无意识注意为主，有意识注意逐渐发展，小班的幼儿集中注意力时间在3—5分钟内，注意力容易被内外在因素所吸引。
建议： 教师在组织活动时要注意活动的趣味性；活动的形式可以丰富多彩，是幼儿喜欢的；组织活动时要先设定一定任务或目标；环境创设时注意减少无关的刺激、干扰。

二、事件取样法

微视频：《事件取样法》

事件取样法与时间取样法都是一种观察记录技术，前者的核心在于"事件"本身，而后者则关注"时间"范围里的行为。事件取样法，是指观察者事先确定需要观察的"靶子事件或者行为"，再根据事件或者行为记录其发生的过程。该方法没有时间的限制，只要事件发生就可立刻记录下来。事件不会凭空产生，必然有相对应的情境。因此，该方法记录的内容需要包括行为出现的频率、事件发生的情境和事件发生变化的过程。这使得收集的材料更加连续、详尽，有利于观察者厘清事件的前因后果，"事件"结束，就意味着观察记录结束。

事件取样法，最早是由霍恩在1914年用于研究儿童的课堂参与行为。后来达维为研究儿童在自由游戏时间内发生争执的事件，采用此观察取样方法，在自然情景下观察记录40名幼儿的争执事件。根据发生的争执事件，记录下争执者的人口学信息、持续时长、争执的原因、争执者扮演何种角色、争执中的言行举止、如何解决、产生的后续影响等，从而获得有关该事件发生到结束的全过程、较全面、有价值的资料。通过58小时的观察，记录争执事件约200例，平均每小时发生3—4例。达维对此部分进行分析，表明女生比男生更少卷入争执，室内争执在教师的及时制止下，要比室外争执持续的时间短。[1]此外，也有研究者采用该方法对幼儿在游戏过程中亲社会行为发生现状进行观察，结果发现该年龄段幼儿在游戏中会不同程度地表现出亲社会行为。[2]事件取样法分为符号系统和叙事描述两类。前者是将观察的目标行为设计成一套符号代码，对应事件发生的地点、原因、结果和影响等。这种记录方法只关注目标行为，非目标行为不予观察记录，使得操作模式更加简便，所以可以简化记录流程，节约成本投入。后者是以文字记录的方式，“再现”整个事件发生的过程。这种方法以较完整的方式进行记录，可在一定程度上降低观察记录的主观性、片面性，减少因信息不对称造成的误差。两种方法各有利弊，可结合使用，保证事件行为记录的真实性，降低记录困难，便于数据整理与分析。有研究者采用该法，记录幼儿个人信息，又记录幼儿亲社会行为的形式与类别、过程和他人对亲社会行为做出的反应。[3]事件取样法的观察记录流程经过四个环节：确定观察对象—记录客观内容—分析观察对象的行为表现—评价并提出建议。

以下是一个观察记录示例：

表2-5　教师在幼儿园对竹竹与同伴互动行为的观察记录

<table>
<tr><td>观察对象</td><td>竹竹</td><td>班级</td><td>大二班</td><td>开始时间</td><td>2022.6.3入园</td><td>性别</td><td>女</td></tr>
<tr><td>观察地点</td><td>教室</td><td>年龄</td><td>5岁半</td><td>结束时间</td><td>建构区活动结束</td><td>编号</td><td>6</td></tr>
<tr><td colspan="8">同伴互动行为表现：A（合作）、B（分享）、C（寻找帮助）、D（协商沟通）、E（提供帮助）、F（命令）、G（分配）、H（争抢）、I（击掌）、J（表示感谢）、K（打招呼或问好）、L（闲聊），X（语言方面）、Y（行动）、Z（语言兼行动）</td></tr>
<tr><td>事件序号</td><td>发生时间</td><td>发生背景</td><td colspan="4">发生过程</td><td>记录</td></tr>
<tr><td>1</td><td>8:15</td><td>入园</td><td colspan="4">竹竹在妈妈的陪伴下，来到幼儿园门口，刚到幼儿园门口，竹竹就看到同伴萌萌，大声地叫“萌萌，早上好！”</td><td>X-K</td></tr>
<tr><td>2</td><td>8:20</td><td>进园</td><td colspan="4">竹竹跟妈妈告别后，和萌萌说着话，在老师的带领下进园。</td><td>X-L</td></tr>
</table>

① 邓小平，孙晓娟，张向葵．美国学前教育中课堂评估编码系统述评[J]．外国教育研究，2013，40(6)：24-30.

② 郭凯，胡碧颖，陈月文．幼儿体力活动水平：基于幼儿身体活动观察记录系统的评估[J]．学前教育研究，2022(1)：34-45.

③ 王福兰，任玮．幼儿在园亲社会行为的观察研究[J]．学前教育研究，2006(Z1)：57-59.

续表

3	8:45	晨操	主班老师带着大一班的幼儿来到操场，准备做晨操。主班老师问："哪几位小朋友，可以帮老师把教室里面的4对鼓棒拿过来？"竹竹立刻举起了手，并小声声地问旁边的悠悠："你愿意跟我一起去吗？"悠悠点点头，主班老师请竹竹、悠悠和另外几个同学去教室拿4对鼓棒。	X-D X-A
4	9:20	建构区，教师布置搭建任务	竹竹、悠悠、萌萌和图图组成了一个小组，他们的搭建任务是搭建小学里面的教学楼。这时竹竹说："我们先设计图纸，再根据图纸的内容来搭建吧。"其余幼儿都点点头，5分钟后，大家在图纸上画出了想要搭建的教学楼。这时悠悠说："我们画完了，那我们就去把图纸上的积木找回来吧。"萌萌说："积木重，我们一起去找吧！"大家点点头。	X-G X-D
5	9:25	去建构区找积木	4个幼儿一起合作将需要的积木都搬回来，有的是两个人一起搬，有的是4个人一起推。	Y-A
6	9:45	建构区	整理所有需要的积木(2个半圆柱体，4个正方体，3个长方体，6个圆柱体，2个三棱柱)。图图说："我们要搭建3层，我们现在开始先搭第一层。"竹竹说："我们来分工，先把第一层的圆柱体都挨个排列好，怎么样？"大家都说："没问题。"竹竹说："我们两个人为一组，先将圆柱体间隔一定距离，排列成3排。"接着两个人为一组，分别抬长方体的左右两端，放在圆柱体上。根据长方体与圆柱体的位置调整距离，两个圆柱体放在长方体的左端，两个放在中端，两个放在右端。当第一层已经搭建稳定后，4个幼儿，两个为一组抬半圆柱体放在长方体上。其次，再重复抬与放长方体的流程，将长方体放置于两个半圆柱体上。	X-G X-A X-D Y-A

续表

7	10:05	建构区	第二层已经搭建好，4个小朋友开始第三层的搭建，两个为一组，拿起三棱柱放在第二层的长方体上，但是4个小朋友将脚垫着，尝试了两次，都不能将三棱柱放在上面。这时候竹竹跑到宇辉的面前说："宇辉，你好。我们个子不高，放不上第三层的积木，可以请你帮帮我们吗？"宇辉说："好的，等一下。"竹竹说："谢谢。"	X-C
8	10:10	建构区	宇辉站在积木旁边，竹竹他们依次将积木递给宇辉，由宇辉放在第二层的长方体木板上。最后，将第四层的长方体抬起来给宇辉，但是宇辉一个人抬这个木板有点费力。	Y-A
9	10:15	建构区	萌萌跑到主班老师身边，说："老师，我们放不到第四层，太高了，您可以帮下我们吗？"主班老师跟着萌萌来到他们的建构区，这时萌萌他们再一次将长方体积木抬起来，交给宇辉和主班老师，最后宇辉和主班老师分别抬着长方体积木的左右端，一起放在了顶端，一共搭建了4层积木。主班老师说："你们成功地搭建了4层积木，而且搭建成了你们理想中的小学教学楼，你们觉得自己棒不棒？"5个幼儿说："棒，真好玩！"老师问："你们成功搭建的秘诀是什么？"图图说是"一起合作"，悠悠说是"寻找帮助"。老师说："对，你们找到了成功的秘诀，就是需要一起合作，遇到困难和问题先主动尝试解决，无法解决时及时寻求帮助。让我们为自己鼓鼓掌，为队友鼓鼓掌。"5个孩子转过脸，相互看着对方，都笑起来了，给自己与队友鼓掌。	Y-A Y-I

续表

分析 **认知发展：** 1.能认识积木中的各种形状；能进一步理解图形之间较复杂的组合关系。 2.有意识注意迅速发展，注意力稳定性发展较好，集中注意力的时间可达到10—15分钟，注意力分配的范围扩大，既可以注意到与之互动的对象，也可以注意到事物细节，注意的范围比较广。 3.以具体的形象思维为主，依赖于事物的形象或者彼此之间的联系进行思考。 4.无意识记忆、形象记忆、情境记忆占优势，记忆时间与容量增长。 5.发展认知10以内的数字概念。 **动作发展：** 手的动作灵活协调。 **语言：** 1.认真听并能听懂常用语言(在集体中能注意听老师或其他人讲话)。 2.愿意讲话并能清楚地表达(愿意与他人讨论问题，敢在众人面前说话)。 3.具有文明的语言习惯(别人讲话时能积极主动地回应，按次序轮流讲话，不随意打断别人)。 **社会性：** 1.喜欢交往(有问题愿意向别人请教)。 2.能与同伴友好相处(活动时能与同伴分工合作，遇到困难能一起克服；知道别人的想法有可能和自己不一样，能倾听和接受别人的意见，不能接受时会说明理由)。 3.具有自尊、自信、自主的表现，能主动发起活动或在活动中出主意、想办法；主动承担任务，遇到困难时不轻易求助；与别人的看法不同时，敢于坚持自己的观点并说出理由。 4.关心并尊重他人(能关注别人的情绪和需要，并能给予力所能及的帮助；尊重为大家提供服务的人，珍惜他们的劳动成果)。 5.遵守基本的行为规范(理解规则的意义，能与同伴协商制订游戏和活动规则；能认真负责地完成自己所接受的任务)。 **建构游戏发展：** 能综合运用编织、黏合等各种建构技能搭建较复杂、匀称、精细的物体形象。

续表

游戏发展： 合作游戏时，在游戏过程中有分工合作，对于要用什么材料、如何使用材料、活动的目标和结果都能进行共同的计划和组织。竹竹从入园到建构区活动结束，共表现出13次与同伴的互动，其中语言方面8次，行为方面5次。语言方面的互动主要体现在协商沟通和合作，分别是3次；分配2次；打招呼、问好、闲聊和寻求帮助各1次。行动方面的互动主要体现在合作，共4次，其次是击掌1次。总体而言，竹竹与同伴的互动行为都是竹竹主动发起、主动参与的，表现的行为都是积极正向的。
评价： 5—6岁的幼儿能在集体中注意听其他人讲话，愿意与他人讨论问题，别人讲话时能积极主动回答。 5—6岁的幼儿有自己的好朋友，活动时能与同伴分工合作，遇到困难能一起克服，能主动发起活动或在活动中出主意和想办法，能有礼貌地与人交往，愿意为集体做事。 5—6岁的幼儿喜欢与人交往，有问题愿意向别人请教。具有自尊、自信、自主的表现，能主动发起活动或在活动中出主意、想办法；主动承担任务。 5—6岁的幼儿能遵守基本的行为规范，能认真负责地完成自己所接受的任务。 5—6岁的幼儿能够关心、尊重他人，能关注别人的情绪和需要，并给予力所能及的帮助，能尊重为大家提供服务的人。
建议： 竹竹的同伴互动能力发展水平较高，当竹竹表现出这些积极正向的互动行为时，教师可以适度表扬，发挥示范榜样作用。同时可以请竹竹分享搭不上第三块长方体木板时内心的想法，继而强化正向积极的互动理念。可以为竹竹提供某些同伴冲突事件的情境，邀请竹竹讨论如何处理同伴冲突。

三、两种取样法优缺点

时间取样法与事件取样法各有优劣之处，如表2-6。

表2-6 两种取样法优缺点

	方法	优点	缺点
取样法	时间取样法	1.简单方便易操作。只需要在设定的时间范围内,记录目标行为是否发生即可。观察者不需要进行过多的培训,可在有计时器、笔、记录本和记录表的情况下开展观察。能收获更多样本,提高观察一致性。 2.便捷易控制,能获得大量信息。时间取样法的观察目的明确具体,能够对观察内容与过程进行有效把控。能够在较短时间内,收获较多的观察记录数据,弥补传统观察取样法的不足。 3.节约投入成本。时间取样法,事前要设计编码记录表。编码记录表既可以有效指导观察记录,又可以量化记录方式,使得整理与分析数据更加简便、便于量化,能提高研究结果的精准性。	1.缺乏连续性。行为发生的背景不同,引发诱因不同,行为表现的特点就有所差异。时间取样法只记录时间间隔内出现的行为是否发生与发生的频率。因此,分析结果可能出现偏差或不够深入。 2.适用范围受限。该方法适用于经常发生或日常常见的行为,研究表明这种行为至少要平均每15分钟出现一次。如果目标行为不够外显或是出现的频率不高,则难以收集到所需行为,也不能大范围进行研究。 3.事前准备要求高,可能遗漏其他重要信息。时间取样法要提前做好观察记录准备、可操作性定义、制订编码记录表,对观察者要求相对较高。该方法只关注目标行为,可能忽略其发生情境或遗漏其他重要信息。
	事件取样法	1.适用范围广泛。事件取样法既可以用于实验室研究,也可以用于自然研究。研究的主题,根据学界的研究热点、难点,工作中的问题,兴趣点等而定,同时,也不受到大众或小众行为的影响。 2.收集的数据完整。事件取样法需要立足于行为发生的情境,两者无法割裂开来,因此收集的数据就更为全面,可使观察者深入整体地了解行为事件。 3.操作流程简便。事件取样法聚焦于观察的目标行为,以事件编码记录表为依据收集资料,不仅能收集到量化的数据,而且能获得质性的数据。同时,有助于集中资料进行分析。	1.记录可能带有主观性。事件取样法主要是文字叙述表述,观察记录中易出现带有个人主观色彩的观点。且整理转化过程成可"量化"的数据时,会增加相应的工作量。 2.聚焦目标行为,可能忽略其他潜在重要行为。事件取样法事先需要确定好目标行为,再开展观察。但是这可能会导致过于聚焦目标行为,而忽略潜在的与目标行为相关的重要信息。 3.缺乏连续性。事件取样法,在非连续的一段时间收集相应的事件材料时,可能导致在分析时发现事件联系的紧密性不强,呈现出"分裂"的状态,不利于找寻事件与原因之间的深层联系。

续表

对比	1.时间取样法有时间范围限制,事件取样法没有时间限制。 2.时间取样法只记录行为发生与频率,事件取样法还要记录事件发生的情境。 3.事件取样法与时间取样法,都能使观察记录更为省时、省力和高效,不需要对细节做过于详细的描述。 4.事件取样法与时间取样法都需要事前将目标行为下定义,制订观察记录表和编码表,对观察者的专业素质要求高,灵活性差。

任务三
图表法

任务目标

1. 熟悉图表法中常用的几种观察与记录方法，掌握其基本要素和特点。

2. 掌握追踪图表法的观察记录要点。

3. 理解社交图表法的观察场景与目的。

4. 能够有效应用几种图表法，能够对观察记录的数据进行清晰明确、合理直观的分析、呈现。

任务准备

1. 物质准备：教学资料（视频、PPT、案例等）、纸和笔。

2. 经验准备：前期课程中了解到图表法的一些基本概念，对幼儿园的一日生活有所了解，为学习、应用图表法奠定了一定基础。

工作表单

工作表单1

案例分析

幼儿园今天举办六一嘉年华活动，大一班的赵老师想对自己带领的6名幼儿进行一项观察，其目的有两个：第一是观察每位幼儿社会性交往的情况，第二是口头询问了解每位幼儿在班级中的受欢迎程度。

思考：1.教师该采用什么方法进行观察？

2.教师观察后可以采用什么记录方法？

3.请为赵老师设计观察记录的方案。

工作表单2

实践应用

自我拟定观察目标，采用追踪图表法，进入幼儿园进行观察记录，撰写观察记录报告，并对观察目标进行分析。

撰写：观察记录报告。

分析：对观察目标进行分析。

工作表单3

小组讨论

对比图表法与叙述法、评价法，总结其他两种方法的优缺点。

叙述法		评价法	
优点	缺点	优点	缺点

学习支持

图表法是指通过图表的方式将观察材料进行整理和展示，以帮助观察者和其他研究者能够直观理解。根据认知负载理论，人类的认知资源是有限的，当学习任务的认知负载过大时，学习者可能会出现认知超负荷的现象。通过图表法，可以将复杂的信息以简明易懂的方式呈现，减轻学习者的认知负载，提高学习效果。信息加工理论指出，人类会将接收到的信息通过感知、记忆、理解、应用等加工过程进行转化。图表法可以通过视觉化的形式展示信息，有助于学习者更好地理解和记忆知识，促进信息的加工和转化。因而，观察记录中使用图表法，有助于减轻观察者的认知负载、促进信息加工，从而提高观察效率。

图表法，“图”“表”二字为核心，是指观察者以观察目的为前提，绘制不同类型的图像与表格的一种观察记录方式。图表有清晰简洁、直观明了等特点，以这种方法将观察对象目标行为的表现特点呈现出来，能够便于观察者一目了然进行对比，进而深入思考其行为背后的原因，为教育教学提出可供参考的对策建议。图表法，可分为追踪图表法、社交图表法、饼状图法、直方图法四种类型。

一、追踪图表法

追踪图表法的“追踪”点明这种方法是有轨迹的搜寻，实质是指观察者事前确定观察对象，观察某个限定区域(绘本区、动作区、美工区)。这种方法通常用于观察观察对象在某个活动上花费的时间或在这段时间内选择进行了多少项活动。[①]这种方法可以全程把握观察对象进行的活动，以及发现这些活动时观察对象的言谈举止、人际交往特点。这种方法既可以分析个体本身身心发展的特点和个性特征，又能够对比不同研究对象的身心发展特点和个性特征，还可以进行个体内和个体间的比较，如表2-7。

如图2-1，某个幼儿从图书角开始为起点，开展相应的活动，一个四角星代表5分钟的停留时间。在图书角进行绘本阅读，花了10分钟；接着来到手工区粘贴小红花，用了10分钟；再来到建构区进行积木搭建等，停留了15分钟；然后，来到植物角，观察了下花草，并对其中一盆花进行了浇水，停留5分钟；最后又回到图书角，整个活动结束。

① 莎曼，等.观察儿童——实践操作指南(第三版)[M].单敏月，王晓平，译.上海：华东师范大学出版社，2008.

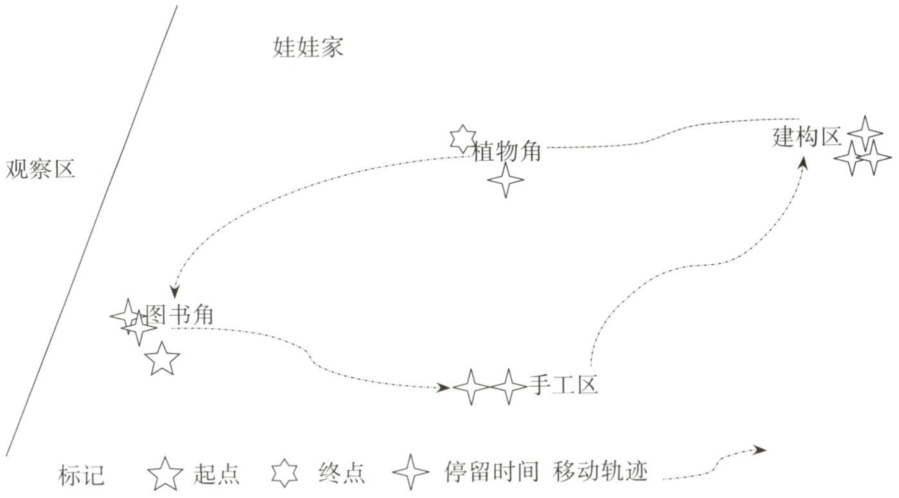

图2-1 追踪图表法

表2-7 教师在玩沙区对乐钰的追踪观察记录

观察对象	乐钰	性别	女	年龄	4岁半	班级	大一班
观察地点	户外	观察时间	2022.4.15	观察者	教师D	编号	9

目标：

追踪观察乐钰在寻宝物时表现出来的精细动作技能。

观察背景：

教师D带领中一班开展了寻宝游戏，将宝物藏在了沙石区、建构区和攀爬区。将班级分成了7个小组，每个小组5名幼儿，每名幼儿都分到一张寻宝图和需要寻找物品的清单。各组幼儿需要在半小时以内寻找到这些宝物，最后小组积分最高者获胜。乐钰得到的寻宝物品清单写的是：需找到2个月亮形状的物品，1个小本子，1张印有小恐龙的小卡片和2个海绵宝宝徽章。

观察内容：

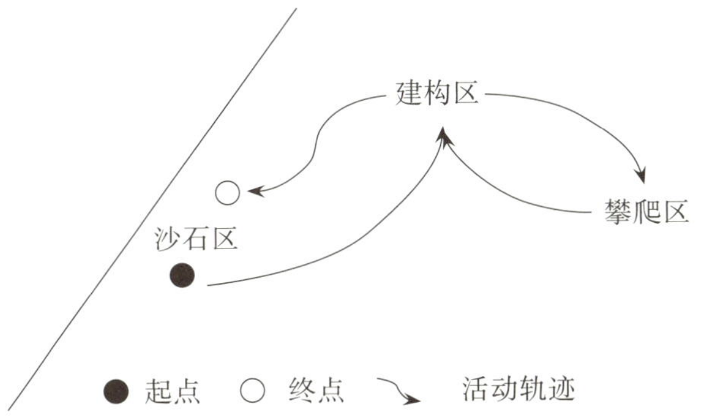

续表

沙石区。乐钰先用双手在沙石上挖了挖，没有找到物品，于是右手拿起小铲子，双手拿着小铲子在藏宝的位置铲了3次，3次之后，还是没有发现这个位置的宝物。这个位置旁边出现一个小沙堆，乐钰又往沙堆旁深入地铲了3次，出现了2个月亮形状的物品。于是放下小铲子，来到建构区。 建构区。乐钰看了看藏宝位置是在某个积木的顶端，找到这个积木建筑后，乐钰从上往下，凑近积木寻找目标物品。看到物品时，乐钰先将右手伸进三角形的屋顶，半蹲下来，眼睛往里面看。用大拇指和食指拿着小卡片的一端，轻轻地往下拉出。拿到小恐龙卡片后，乐钰来到攀爬区。 攀爬区。乐钰来到藏宝的地方，抬头就看到有一个小本子挂在云梯的顶端，这个云梯很高，乐钰爬不上去。于是她离开了攀爬区，5分钟之后，她拿来了一根长木棍，再从教室搬来了一个小凳子。将小凳子放在云梯之前，站在上面，双手握着长木棍，举到小本子的区域，接着她双手向右晃动长木棍，前两次都晃空了，都还没有将木棍摇到小本子区域。乐钰晃动木棍过程中，出现握不紧木棍，木棍下滑的情况。乐钰将长木棍放下，两只手甩了甩，张开双手放松放松，再一次重复前面的过程。第三次尝试时她终于将小本子摇了下来掉在地上。拿到本子后，乐钰将使用过的物品擦干净放回原处。她将找到的宝物放在地上数了数，发现还有2个海绵宝宝的徽章忘记找了，于是看了看地图，又跑回建构区。 建构区。乐钰又来到一个搭建好的小汽车乐高模型前，看到2个海绵宝宝的徽章放在车轮胎最里面。乐钰先将右手的食指伸进去，勾了勾物品，长度不够，拿不到，于是在建构区转了转，在工具处找到一根如筷子大小的木棍，大拇指、食指和中指捏住木棍，将小木棍的一端伸进去将物品慢慢勾了出来。拿到徽章后，乐钰将小木棍放回原处，加速跑回沙石区，找小伙伴会合。
分析： 1.具有一定的力量和耐力（能双手抓杠悬空吊起20秒左右；能单手将沙包向前投掷5米左右）； 2.手的动作灵活协调（能使用简单的劳动工具或用具）。乐钰使用小铲子铲沙时，双手配合协调，能够铲除有一定深度的小沙坑，且小铲子能够全部铲入沙子中，说明她的双手协调性较好，手腕灵活度发展较好。手指单独拿取物品和用小物品取物时，捏的动作发展较好，说明手指精细动作发展较好，手指灵活度较高。使用长木棍取悬空取物时，两次晃动木棍都晃空，且木棍出现下滑情况。结合乐钰第二次尝试后放下木棍甩手的动作，说明她上肢肌肉力量不足，精细动作发展不够好，难以较好控制悬空工具的使用，动作控制协调性发展不够，但表现出坚毅的品质。

续表

评价： 该年龄段的幼儿精细动作不断发展，手部能够较灵活协调地完成相应的动作与使用物品，并能够表现出一定的力量与耐力。乐钰的手部协调能力有一定程度的发展，表现出较好的双手协调性与手指的灵活性，但是悬空用具的使用表现较弱。
建议： 安全前提下，创设条件和机会，训练乐钰双手抓杆悬空吊，单手举高向上投掷篮球、足球（有力量的物体），双手握物举高等，增强上肢肌肉力量与精细动作发展。

二、社交图表法

社交图表法主要用于观察记录观察对象与其他小伙伴或者成人的社会性交往情况与在人际群体中的关系特点，这种方法通常应用于评价个体、小组或群体观察对象的社会交往情况、社会关系或互动关系。这种方法可以在人际群体中，观察观察对象在某个预定或者随机时间段内进行的社会性交往互动，包括频率、持续时长等。该方法简单便捷，适合范围广，既可以用来观察个体，也可以用来观察群体。但是跟取样法一样，事先都需要先制订观察记录表。

三、饼状图法

饼状图是一种让观察数据结果呈现直观清晰的图表。这种方法，既可以是在观察中按照比重、时间顺序制作饼状图，也可以是在观察后将饼状图用于数据结果的统计分析。需要强调的是，需要用白描的手法将观察中必要、关键的信息另行补充，这样便于观察者更好回顾、分析与呈现结果，如图2-2。

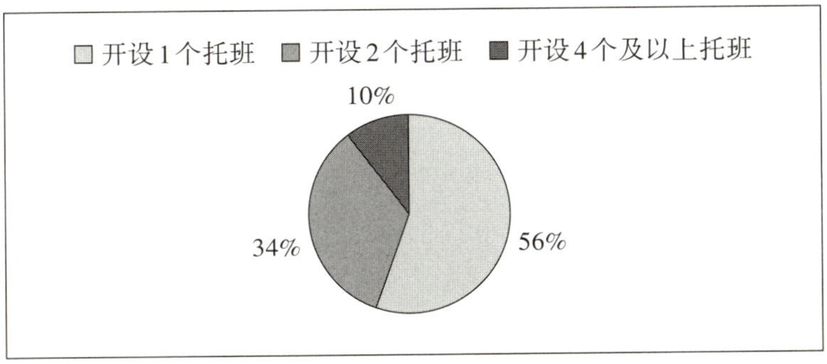

图2-2　某省幼儿园开设托班数量的现状调查

四、直方图法

直方图法是以长方形条柱对观察数据进行记录、呈现和分析的一种方法。这种方法可用于比较观察记录幼儿完成某一项活动或者某几项活动的能力表现，如图2-3。

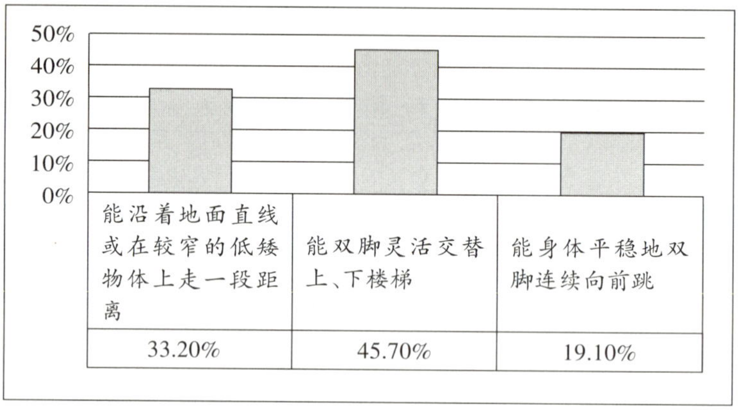

图2-3　某小班3—4岁幼儿动作能力发展调查

五、图表法优缺点

(一)优点

(1)简单便捷、易于操作；

(2)直观呈现数据，便于对比与分析；

(3)适用范围广，个体、小组或较大群体皆可作为观察对象；

(4)一段时间内可重复使用。

(二)缺点

(1)图表法收集的只是数据的结果，不能记录整个事件的过程，难以得到完整的数据链条，分析过程不深、不全；

(2)图表法收集数据的形式虽多样，但是记录的数据和信息有限；

(3)社交图表法的观察记录，需要提前设计好记录的方案，给观察者增加了一定的工作量。

任务四

评价法

任务描述

1.熟悉评价法中常用的几种观察与记录方法,掌握其基本要素和特点。

2.了解该方法适合用于观察使用的场景,掌握其记录的要点。

3.能够解读不同类型的评价法数据背后的意义。

任务准备

1.物质准备:教学资料(视频、PPT、案例、观察记录量表等)、纸和笔。

2.经验准备:前期课程中初步认识评价法,对观察记录有一定了解。

工作表单

工作表单1

案例分析

乐乐,4岁,男。这是老师对乐乐进行的某方面功能观察的评估结果。

具体行为	是	否
害怕运动,比如上、下楼梯,荡秋千,玩跷跷板、旋转滑滑梯	√	
注视要移动的物体时,容易产生眩晕感或者不舒服	√	
当坐在椅子上移动身体时,容易摔倒	√	
做简单的动作时,身体显得不协调和笨拙		√
非常喜欢旋转的娱乐活动,喜欢跑上跑下		√
行走时,虽然看到物品,但是容易撞上		√

思考：1.该老师采用的是哪种方法观察评价？

2.乐乐可能在什么方面存在问题？

3.除这种观察记录方法以外，还需要哪些观察信息才能够基本确定乐乐存在的问题？

工作表单 2

实践应用

采用表格形式，进入幼儿园对幼儿进行观察记录，撰写观察记录报告，并对观察目标进行分析。

撰写：观察记录报告。

分析：对观察目标进行分析。

工作表单 3

小组讨论

在使用评价法进行观察记录时，应考虑哪些影响因素：

学习支持

评价法是指通过分析和评估被观察者在日常生活与学习过程中的观察记录，了解其情况的一种方法。根据学习者中心理论，强调学习者的主体地位，认为学习者是学习过程中的中心。观察记录评价法关注学习者在学习过程中的实际表现和经验，以学习者的视角来理解和评价学习的过程和成果。而形成性评价理论强调评价过程中反馈的重要性，认为评价应该贯穿于学习的每一个阶段，以促进学习者的自我反思和自主学习能力的发展。观察记录评价法通过收集学习者在学习过程中的观察记录，为学习者提供及时的反馈，帮助其改进学习策略和提高学习效果。因而，教师和其他教育者观察记录时使用评价法，可以更好地了解被观察者的学习情况，提供有针对性的支持和指导，促进被观察者的个性化发展和学习效果提升。

评价法是一种量化观察的方法，主要通过标准化、非标准化的量表等测评工具，对观察对象的行为表现进行观察记录。再根据标准化与非标准化的记分方式，描述其行为表现特点，探究这些特点背后的原因。这种方法可以从多方面了解观察对象的生理、心理、社会等方面相对具体的发展情况，进而在教育教学中采取促进或干预措施。相较于叙述法、取样法、图表法而言，评价法没有大量的文字记录，也不能观察记录大范围的对象，在观察记录与统计分析方面更为便捷。该方法包括行为检核法和等级评定法两种。

一、行为检核法

行为检核法，在日常生活中随处可见，使用频率高，范围应用广。比如，饭店老板事前将所需要采购的蔬菜及其数量做好清单，采购好某一样就对其打钩；学生将一天所需要完成的活动列成清单，每完成一样就对其打钩；药房医生根据医生开具的药单，拿相应药物给病人；等等。

该方法又称清单法、检测表单法。是指根据一定的观察目的，对观察目的下操作性定义，事前列出需要观察的项目及行为，按照项目与行为的归属，以清单的形式将一系列行为项目进行排列，编排成清单式表格。这种方法的判定标准为“是”“否”两个答案，即观察者根据项目及行为的表述，观察需观察的对象是否做出该表现而进行记录。行为检核法，适用范围较广，可根据研究者的研究兴趣或者研究对象的发展特点制订观察记录的清单，可随时随地实施，不受限于情境。

行为检核法可分为两种观察评定类型，一种判定标准是“是和否”或“有和无”，观察记录答案择其一。这种评定类型，关注点只在于目标行为是否出现，出现就勾选，不出现就不勾选，并不需要记录目标行为出现的情境、原因等。例如，观察幼儿手部动作灵活协调能力，初步了解幼儿手部动作发展情况，如表2-8。另一种是预先设定观察范围与间隔，对目标行为表现情况进行观察记录，如表2-9。比如，观察者随机选取某中班幼儿，观察幼儿在阅读区的人际互动表现。以20分钟为时间范围，以5分钟为间隔时间，观察幼儿相互邀约一起阅读绘本，幼儿被其他幼儿绘本吸引、主动申请加入，幼儿被其他幼儿绘本吸引、被其他幼儿邀请一起阅读等行为。

表2-8　幼儿手部动作灵活协调能力行为核查表

姓名：________　　性别：________　　年龄：________

行为表现		是	否
手部动作灵活协调能力	能用笔涂涂画画		
	能熟练地用勺子吃饭		
	能用剪刀沿直线剪纸，使边缘基本吻合		
	能沿边线较直地在纸上画出简单图形，或对折纸时使边线基本对齐		
	会用筷子吃饭		
	能沿轮廓线剪出由直线构成的简单图形		

表2-9　教师对呦呦手部动作灵活性发展的观察记录

观察对象	呦呦	性别	男	年龄	四岁	班级	中二班
观察地点	幼儿园	观察者	教师B	观察时间	2022.09.27	编号	6
目标： 教师B根据表2-8对呦呦手部动作灵活性发展进行观察记录。							
分析： 4—5岁的幼儿手部动作灵活性不断发展，手指的灵活性、协调性和双手的配合性都在不断地提高。							

续表

评价： 呦呦能够用笔涂涂画画，能较好地画直线；能够用勺子吃饭，用勺子舀食物比较稳，不会洒出来；能够用剪刀沿着直线裁剪纸，裁剪边线基本能够与直线吻合，但呦呦也有注意力不集中的时候，会出现裁剪范围过宽或窄的情况。整体来说，呦呦手部动作灵活性发展不错，但需要提高注意力的专注性、提高裁剪吻合度、降低不安全性。
建议： 一方面多提供机会，让幼儿多参与自主画画、粘贴、折叠、裁剪等活动，鼓励幼儿积极参与家庭事务，加强手部动作锻炼；另一方面培养幼儿专注性，尤其在裁剪物品时，提醒幼儿集中注意力，减少外部干扰，正确使用剪刀。

行为检核法具有一定的优缺点，从优点而言，有以下几方面：

首先，操作过程简单，适用范围广。事前需要根据观察目的，制作好行为核检表格，再依据该表格进行观察记录，最终进行数据分析。观察的目的可多方面，观察对象可以依据观察目的而定，没有时间限制。

其次，便于量化，记录与分析效率高。该方法以量化的形式收集数据，基于观察对象客观表现，可减少主观判断的随意性，确保观察记录数据的客观性，进而更好记录与分析，提高整体工作效率。

最后，可以从“数字”背后探索更有意义的信息。该方法获得的是量化的数据信息，通过信息表层挖掘浅显的信息，再进行深入研究，获取更为细致全面的观察材料。

当然，该方法也具有局限：

第一，“孤立”情境，影响研究的深入。该方法只收集量化的“是或否”“有或无”数据，只能看到情况是否发生或发生的频数，不能了解行为出现时的情境、前因后果与人际互动情况，数据分析与探究时可能出现偏颇，难以获得连续完整数据。

第二，遗漏数据，解读失真。当观察对象多个子目标行为出现时，可能使得观察员手忙脚乱，遗漏一些目标行为，造成事后补记时主观评定增加，降低分析信度等情况。

第三，以为“非重要信息”，错失重要信息。当观察对象表现出非目标行为时，此类行为可能被忽视或剔除，漏掉应该记录的信息。

微视频：
《等级评定法》

二、等级评定法

等级评定法，也称为等级评价法，“等级”代表程度不同。这种方法在生活中更是随处可见，比如教师对学生品德修养与行为表现评定为“优、良、中、差”几个等级；医生对患者疾病诊断的评定“一级、二级、三级”；等等。

等级评定法是指观察者对观察对象目标行为进行观察时，对其行为表现进行水平的评定。这种方法以数字为等级，不同的数字代表着不同的水平程度，这种数字化的形式可以对观察行为的质量进行高低判断。比如，观察者想调查了解小班幼儿入园时是否具有规则意识，可采用行为核检法，给规则意识下定义，形成一系列指标进行观察，了解整体性的规则意识情况。而想要了解规则意识发展的程度情况，则可采用等级评定法对其进行评定。等级评定法并非现场观察、现场进行评定，而是在观察一段时间后，根据事后回忆进行记录。所以这并不是一种直接观察，而是一种事后的评估方法。其便捷、快速的特点，广泛应用于各研究领域。

等级评定法，根据使用的情况及其设计的差异，可以分为不同的评定表，有数字等级量表、图形量表、标准化量表、累计点数量表和强迫选择量表5种。

第一，数字等级量表。数字代表行为的不同程度，也就是将序列数字代表观察目标行为的不同程度。观察者根据观察对象的行为表现，选择最符合的数字进行记录。数字等级量表有多种计分方式，常见的有3点、4点、5点、7点和9点，比如3点就是用0—2或1—3来表示行为的不同等级。3—5岁幼儿自我控制能力量表分为自觉性、自制力、坚持性和自我延迟满足4个维度。该量表采用5点计分，完全不符合—不太符合—有些符合—比较符合—完全符合，如表2-10。

表2-10　3—5岁幼儿自我控制能力量表

幼儿名字：______　性别：______　班级：______　评定者名字：______

项目	完全不符合	不太符合	有些符合	比较符合	完全符合
当发现自己的行为违反了日常规范时，能马上改正	0	1	2	3	4
当老师开始讲话时，能停下手中正在做的事情去听	0	1	2	3	4
别的小朋友带来新玩具，可老师要求上课时不准看，他能做到不看	0	1	2	3	4
当他许诺做自己力所能及的事时，能履行	0	1	2	3	4
当意识到自己提出的要求要等一段时间后才能被满足时，能等待	0	1	2	3	4
与同伴相处融洽，同伴愿意跟他玩	0	1	2	3	4

注：请您根据您孩子的实际情况，选择最符合您孩子的选项，选项答案无对错之分。

幼儿感觉统合能力评定量表包括前庭功能、触觉功能、本体觉功能、学习能力。该量表采用5点计分，从不—很少—有时—多数—经常。可通过此评定量表了解幼儿感觉统合能力发展情况，如表2-11(示例只展示前庭功能部分)。

表2-11　幼儿感觉统合能力评定量表(前庭功能)

项目	从不	很少	有时	多数	经常
特别爱玩旋转的凳椅或游乐设施，而且会头晕	0	1	2	3	4
喜欢旋转或绕圈子跑，而且会晕或累	0	1	2	3	4
虽看到了仍常碰撞桌椅、旁人、柱子和门墙	0	1	2	3	4
行动、吃饭、敲鼓、画画时双手不够协调，常忘了另一边	0	1	2	3	4
手脚笨拙，容易跌倒，拉他时仍显得笨重	0	1	2	3	4
俯卧在地板和床上时，头、颈、胸无法抬高	0	1	2	3	4
爬上爬下、跑进跑出、不听劝阻	0	1	2	3	4
不安地乱动、不听劝阻、处罚无效	0	1	2	3	4
喜欢惹人、捣蛋、恶作剧	0	1	2	3	4
经常自言自语、重复别人的话，并且喜欢背诵广告词	0	1	2	3	4
表面左撇子，其实左右手都用，而且无固定使用哪只手	0	1	2	3	4
分不清左右方向，衣服常常穿反	0	1	2	3	4
面对陌生地方的电梯或楼梯，不敢坐或动作缓慢	0	1	2	3	4
组织力不佳，经常弄乱东西，不喜欢整理自己周围的环境	0	1	2	3	4

第二，图形量表。图形量表区别于数字等级量表，数字等级量表的等级以表格的形式呈现，而图形量表则是用一条横线来划分不同的行为表现程度。可以设定从左到右，水平程度依次增大，也可以依次递减。这种记录类似于数轴。观察者根据观察的情况，在数轴上选择合适的水平，做上标记。这种方法比起数字等级法，视觉上更为直观，不容易漏掉某行为，便于观察者观察记录。例如，幼儿攻击性行为量表(表2-12)，该量表用于测评幼儿的社会能力与问题行为。

表2-12　幼儿攻击性行为量表

观察对象：	性别：	年龄：
观察者：	观察时间：	
(1)喜欢争论		
经常	有时	无

续表

(2)喜欢吹牛或自夸		
经常	有时	无
(3)情绪突然变化		
经常	有时	无
(4)需要别人经常注意自己		
经常	有时	无

此外,图形量表又拓展出另一种表现形式,称为"语意区分量表"。这种量表没有具体阐明水平程度,只有两种语义相反的形容词为两端,和几个若干没有阐明的水平程度。评定的原理相同,只是量表呈现形式有差异,如表2-13。

表2-13 幼儿体育活动强调评价量表

	1	2	3	4	5	6	7	
安静								耗竭
兴奋								低落

第三,标准化量表。是指以统计标准差为单位而划定评价等级的一种量表,具有标准化的评分与计分。目前观察幼儿不同方面的发展情况时,大多都使用标准化量表。例如,韦克斯勒学前儿童智力量表第三版(WPPSI-Ⅲ),适用于2岁6个月—7岁3个月儿童的智力测验。量表分为言语测验和操作测验两部分,言语部分的内容有常识、词汇、算术、理解和背诵等,共119项,操作部分包括动物房、图画补缺、迷津、几何图形、积木图案等,共54项。[①]部分内容如下:

(1)常识:你有几只耳朵?瓶子里可以装什么东西?什么东西生活在水里?

(2)词汇:什么是鞋?鞋是什么意思?什么是刀?刀是什么意思?什么是帽子?帽子是什么意思?什么是英雄?英雄是什么意思?

(3)动物房:将图形模板中的每一种小动物与小木柱颜色联系起来,在每个动物图下的孔内插入一根相应颜色的小木柱。

(4)图画补缺:将印着图画的卡片,按顺序给幼儿看,请他说出或指出每一张图缺少的部分,如梳子梳齿、小车轮子、娃娃手臂、跷板上的孩子、手指甲等。

(5)算术题:给幼儿看图片册,第一幅图(球)的图片放在幼儿面前,问这些小球中,哪一个最大,指指看;第二幅图(小棍)的图片放在幼儿面前,问这些小棒中,哪一

① 王金凤,闫金凤,张迎,等.韦克斯勒学龄前儿童智力量表在河南省城市、农村再标准化研究[J].河南预防医学杂志,1990(6):436-438.

个最长，指指看；第三幅图（星）的图片放在幼儿面前，问这几个盒子里装着小星星，哪一个盒子里最多，指出来。

不同的测验维度有不同的计分方式，根据计分规则对每个部分进行计分，把所有的分数进行相加可得到测验的原始分，再按照平均数为100、标准差为15的离差智商公式，将每个部分的原始分转换成量表分，可以得到言语智商、操作智商和总智商。

第四，累计点数量表。该方法是观察者先对观察对象的行为进行评分，再将每项分数加起来，通过总分评定行为表现程度。量表分为A和B两项，A是指积极正面描述，B是指消极负面描述。评分的多少可根据量表内容拟定，前提就在于梳理与归类好A和B的行为项目。将积极正面描述减去消极负面描述，最终得到观察对象行为总分，就是说A-B=总分①，如表2-14。

表2-14 师生课堂互动评估量表

A项目	B项目
教师与幼儿保持身体的正常适度接触	教师语气严厉地与幼儿交流
教师与幼儿一起分享故事	教师的情绪易激怒
教师口头表达对幼儿的鼓励和赞美	幼儿犯错时，教师采用大叫、威胁、身体控制等方式惩罚
教师以温和、平静的声音与幼儿交流	教师嘲笑、侮辱与讽刺幼儿
教师与幼儿一起合作完成活动	幼儿求助于教师时，被忽视

第五，强迫选择量表。该量表中每一种行为下都有一系列的特点描述，也就是当观察者对观察对象的行为进行记录时，需要选择符合情况的描述点选项。但是当行为表现的实际情况与描述点选项不能完全匹配时，在“强迫”要求下，必须选择一个最符合、最接近的选项描述点进行记录。因此，在编制这种类型的量表时，观察者需要尽可能考虑多样性的描述选项，兼顾共性与个性两方面，从而收获更为准确的数据。

例如：

请你评定幼儿进食行为。

A.吃东西很快，能够自己进食，吃东西时不与周围人说话，安静进食（　　）

B.吃东西快，能够自己进食，但是边玩边吃（　　）

C.吃东西慢，能够自己进食，吃东西时不与周围人说话，安静进食（　　）

D.吃东西慢，能够自己进食，但是边玩边吃（　　）

① 李晓巍.幼儿行为观察与分析[M].北京：中国人民大学出版社，2019.

E.吃东西慢，不能自己独立进食，需要成人喂，可以安静进食（　　）

F.吃东西慢，不能自己独立进食，需要成人喂，要边玩边吃（　　）

三、评价法优缺点

评价法包括行为核检法与等级评定法两种，每一种方法都不完美，都有缺点，需要观察者根据观察目的、观察对象等，综合选择几种可互补匹配的观察方法。

（一）优点

第一，适用范围广泛。日常中行为核检法与等级评定法以“非标准”的形式应用于生活的方方面面，在学前教育领域，可以针对一日生活的表现和某个领域活动课程的展开进行评估，用于家园互动质量、幼儿园办园质量、教师师资质量等方面。

第二，操作简单便捷。行为核检法与等级评定法都是在确定目标行为后，事前先设计好相应的评价子项目（行为描述），观察者依据评价量表对观察对象进行观察记录与评估。只要当目标行为出现时，就进行是或否、频率和等级程度的勾选，不需要复杂的观察记录工具，也不需要复杂的描述记录，非常便于操作。

第三，量化处理方便。行为核检法与等级评定法都以数字作为观察记录的结果，统计分析时不需要进行转化就能够直接进行分析，减少人力成本。

第四，进行个体间和个体内部的比较。观察者可以在不同时间段对观察对象进行观察，了解教育教学开展的情况，对此进行优化，也可以了解幼儿的个性表现，对此设计更为有针对性的策略。比如，教师设计有关自控能力的系列活动，想检验该活动的可行性。就可以先使用行为核检法，了解幼儿在这个活动开展前后的自控能力表现，在几轮测验与完善中，确定最好的活动课程。再使用已经开发好的活动课程，评估每个幼儿的自控能力，提出共性与个性的针对性措施。

第五，可以成为深入研究的前提。无论是行为核检法还是等级评定法，都可以进行大范围的观察，得到较大的样本量。通过分析样本特点，可以选取其中具有代表性的样本，结合连续叙述法、事件取样法等，从不同点、不同层次切入，进行更为深入的研究。

第六，进行多元角色观察评估，核查真实性与一致性。来自单一角色的观察评估，难免带有较强的主观色彩，因此可以采用多元角色的视角进行观察，从而验证观察记录数据的真实性与一致性。

(二)缺点

第一,结构化要求较高。由于观察记录都是围绕目标行为进行的,就需要将目标行为进行“拆分”,分解为一系列的子行为描述,尽可能反映目标行为本身。如果使用标准化的量表,可以减少观察者该部分的工作量,如果使用自编量表,就需要观察者有一定基础的文献储备量和一定的统计分析技术,设计出信度、效度都较高的量表用于观察记录。

第二,观察记录可能存在遗漏,与主观评价存在偏差。观察记录需要兼顾需要观察的对象,当观察对象数量较大时,会同时出现某一子行为,可能造成观察记录的混乱,而遗漏某些行为表现。同时,使用等级评定法,在事后回忆时容易受到行为趋于中等水平的心理暗示,可能致使评价的结果与客观之间存在偏差,不够准确。

第三,深度不够,缺乏连续性。这两种方法都只记录行为发生与否、发生频率和表现程度,没有行为发生时的情境、原因、后果、人际互动等情况,很难从记录了解到行为本身真实的情况,仅从数字探测,可能会造成主观上的偏颇,难以窥见行为本身的全貌。

项目小结

项目主要学习了几种常见的观察与记录方法,包括概念、基本要素、特点、分类、优缺点、应用范围与注意事项等。本项目的学习能为后续一日生活与五大领域行为观察、发展指导奠定理论基础。

直通赛证

一、选择题

1.为了解幼儿同伴交往特点,研究者深入幼儿所在的班级,详细记录其交往过程的语言和动作等。这一研究方法属于(   )。

A.访谈法

B.实验法

C.观察法

D.作品分析法

2. 教师根据幼儿的图画来评价幼儿发展的方法是(　　)。

A. 观察法

B. 作品分析法

C. 档案袋评价法

D. 实验法

3. 在科学活动“奇妙的气味”中,教师准备了分别装有水、食醋、酱油等液体的瓶子,请幼儿看一看,闻一闻。幼儿在活动中使用了什么方法?(　　)

A. 实验

B. 参观

C. 观察

D. 讲述

4. 幼儿园教师通过记录幼儿在日常生活与活动中的表现来分析其心理特点。这种研究方法是(　　)。

A. 观察法

B. 谈话法

C. 测验法

D. 实验法

5. 现场评价幼儿园教育活动最重要的依据是(　　)。

A. 教具的丰富性

B. 教育方法的多样化

C. 幼儿的表现

D. 教育过程的有序性

二、简答题

1. 简述教师观察幼儿行为的意义。

2. 幼儿园教师应该具备哪些专业能力?

三、材料分析题

1.案例：莉莉和小娟玩游戏，她们想让5个娃娃睡觉，但是没有小床，于是他们找到木板做小床，莉莉说："床不够。"小娟挑出3个留着长头发的娃娃说："他们长大了，天黑了，要睡觉了。"莉莉说："好的。"然后将3个需要睡觉的娃娃中最大的一个放在中等大小的盒子里。小娟试图把中等大小的娃娃放在最小的盒子里，但放不进去，于是莉莉说："换一换。"然后将最小的娃娃放在了最小的盒子里，中等大的娃娃放在中等大的盒子里，最大的娃娃放在最大的盒子里。小娟说："娃娃们，好好睡觉吧。"

（1）从学习与发展的角度，分析上述案例中莉莉和小娟的行为。

（2）这次游戏后，教师应当如何支持莉莉和小娟的学习与发展。

2.案例：小班角色游戏时，李老师发现豆豆经常会倒拿着小娃娃脚丫吊起来，说："你不乖，我打你！你再哭，我还打！"

（1）分析豆豆出现这种现象的原因。

（2）李老师之后应该怎么做？

实践实训

基于幼儿园见习实践，请学生撰写幼儿行为观察记录表，客观描述幼儿与教师行为表现，正确分析幼儿行为表现与教师保教言行，并提出针对性的教育建议。此观察记录表作为学生实践实训的一次考核。

项目评价

主题	内容	优秀	良好	一般	较差	很差
学习态度	能准时参加本次学习任务，并完成任务	5	4	3	2	1
专业知识	熟悉几种常用的观察与记录方法，掌握其基本要素和特点；了解几种观察与记录方法使用场景，掌握其应用范围与注意事项	5	4	3	2	1
研讨精神	积极参与讨论，对其他人的发言能提出合理的分析和见解	5	4	3	2	1
团队协作	能很好地融入课堂小组讨论，与小组成员共同推进学习进程	5	4	3	2	1
沟通交流	能够清晰准确地表达自己的观点，与他人交流时态度、语气恰当	5	4	3	2	1
人文素养	能够关注幼儿行为观察与记录相关知识，有意识地树立职业精神	5	4	3	2	1
信息素养	会检索常见的学前教育文献数据库，主动阅读学前教育文献	5	4	3	2	1
实践应用	能撰写科学合理、客观严谨、详尽入微的观察记录报告；能正确、全面分析视频中幼儿身心发展特点和教师保教言行；能正确与有针对性地提出教育建议或发展指导意见	5	4	3	2	1
自我小结						

推荐阅读

[1]李晓巍.幼儿行为观察与分析(第2版)[M].北京:中国人民大学出版社,2024.

[2]黄婉圣.幼儿行为观察与评价[M].上海:复旦大学出版社,2021.

项目三

幼儿生活活动中的观察与引导

学习目标

知识目标

了解幼儿生活活动观察的意义,并掌握生活活动中各项观察的内容和要点。

技能目标

能根据生活活动中幼儿的表现选择合适的观察记录方法,具备对幼儿进行观察、分析、评价和引导的能力。

素质目标

拥有正确的教育观、幼儿观和教师观,具备在生活活动中对幼儿的行为进行正确分析的能力,并能在一日活动中观察幼儿,树立正确的教育观,尊重幼儿。

学习重难点

学习重点

1. 了解对幼儿进餐、盥洗和睡眠活动进行观察的要点。

2. 掌握教师在生活活动中对幼儿行为进行观察的引导策略。

3. 学会生活活动中观察点的切入和教师的观察原则。

学习难点

对幼儿各项生活活动进行整体性分析。

思维导图

- 幼儿生活活动中的观察与引导
  - 幼儿生活活动观察与引导概述
    - 幼儿生活活动的观察要点
    - 幼儿生活活动的解释
    - 幼儿生活活动的引导策略
  - 幼儿进餐活动的观察与引导
    - 幼儿进餐活动的观察要点
    - 幼儿进餐活动的解释
    - 幼儿进餐活动的引导策略
  - 幼儿盥洗活动的观察与引导
    - 幼儿盥洗活动的观察要点
    - 幼儿盥洗活动的解释
    - 幼儿盥洗活动的引导策略
  - 幼儿午睡活动的观察与引导
    - 幼儿午睡活动的观察要点
    - 幼儿午睡活动的解释
    - 幼儿午睡活动的引导策略

任务一

幼儿生活活动观察与引导概述

任务目标

1. 了解幼儿生活活动观察。

2. 掌握幼儿生活活动解释过程中教师和幼儿的自身特点。

3. 掌握幼儿生活活动的引导策略。

任务准备

1. 物质准备:教学活动视频、教学PPT课件。

2. 经验准备:前期课程中对幼儿行为的定义和引导策略有所了解,到幼儿园去见习、实习,了解幼儿园生活活动的现状。

工作表单

工作表单1

案例分析

每到吃饭时间,很多幼儿赶紧去拿碗筷,并快速地到了取餐点,大声说:“我要吃饭!”而不是排队取餐。老师们需要大声说:“赶紧排队!”幼儿在老师的说教下才开始排队。幼儿在进餐时不主动排队,使得老师们在这个过程中需要经常说教,这也是很多老师遇到的问题,同时,他们往往重视管理而忽视了观察。

思考：1.教师在幼儿生活活动中如何提升观察能力？
2.你认真思考分析过幼儿在生活活动中的行为表现吗？
3.幼儿教师在生活活动观察中需要具备什么样的策略？

工作表单2

思考总结

思考幼儿生活活动的主要类型和特点有哪些。

幼儿生活活动的主要类型	幼儿生活活动的特点

工作表单3

小组讨论

小组讨论：在幼儿园生活活动的观察中会有哪些影响因素？从教师和幼儿的角度分别总结。

教师因素	幼儿因素

任务分析

本次任务旨在了解幼儿生活活动的特点，在进行生活活动观察时，做到以发展的眼光看待幼儿。学会分析幼儿生活活动行为的影响因素，对幼儿的行为进行多角度的解释，并提供教师的支持策略。

学习支持

日常生活活动是幼儿园中满足幼儿基本生活需要的活动，是常规性的日常活动，持续时间长、重复、烦琐，具有重复性和习惯性的特点。幼儿在幼儿园的日常生活活动主要包括进餐活动、午睡活动、盥洗活动、如厕活动和整理活动等。幼儿在成长的过程中，因为身体机能发育不成熟，身体素质比较弱，但生长发育又十分迅速，所以需要教师的悉心照料，在教师的教育下养成良好的生活习惯，为今后的生活和学习奠定基础。

教师在日常生活的观察中可以对幼儿的生活活动习惯做出判断。教师在生活活动中时刻关注着幼儿，但真正认真、科学地运用恰当方法进行观察记录的教师很少。只有善于对幼儿的各个方面进行科学观察、记录和分析，才能及时发现幼儿存在的问题，找出问题产生的根源，根据幼儿的年龄特征和个体差异进行有针对性的教育，从而提高教育的质量。

一、幼儿生活活动的观察要点

（一）幼儿的安全

幼儿园必须保护幼儿的身心健康、人身安全，把幼儿的健康和安全放在首要的位置。生活活动中教师需时刻注意幼儿的安全，主要包括两个方面：

1.安全隐患

安全隐患的观察要点主要包括四点：第一，在观察的过程中找到安全隐患源头，例如进餐过程中的食物过敏原；第二，活动过程中注意环境安全，如盥洗的环境是否湿滑易摔，置物架是否稳定，药品放置的位置是否安全，用餐时的餐具是否锋利易伤人等；第三，工作的对接上是否有遗漏，如幼儿入园或离园时教师和家长的对接，教师上下班之间的对接等；第四，活动过程的过渡环节是否有序，例如幼儿在如厕时是否存在追逐打闹等情况。

2.安全意识

安全意识的观察要点也包括四点：第一，注意幼儿身边物品的安全性，如电线、热水壶、刀和电源插座等；第二，幼儿是否有基本的安全意识，如不让别人碰自己的隐私部位、不跟陌生人走、不私自去河边玩等；第三，是否掌握简单的自救和求救方法，如遇到火灾或者其他紧急的情况，知道拨打119、120、110等电话，并且能牢记自己的家庭住址、电话号码、父母姓名等信息；第四，是否对安全标识有基本的认识，例如小心触电、小心有毒等。

（二）幼儿的生活自理

幼儿的生活自理的观察主要包括两个方面：第一，幼儿是否具备学习基本生活技能的意愿，如是否愿意自己穿衣服、洗脸、如厕等；第二，幼儿是否正确掌握生活用品的使用方法，如穿衣服和鞋袜、整理物品、使用筷子或勺子。

（三）幼儿的生活习惯

幼儿生活习惯的观察要点：第一，幼儿是否保持良好的作息时间，如早睡早起、按时午睡、按时吃饭等；第二，幼儿是否养成良好的进餐习惯，如不吃垃圾食品、不挑食不偏食、爱喝水等；第三，幼儿是否形成良好的个人卫生习惯，如将垃圾扔进垃圾桶、饭前洗手饭后刷牙等；第四，幼儿是否养成热爱运动的习惯，如积极参加游戏活动；第五，幼儿是否具有正确的姿势，如站姿、坐姿、走姿等。

（四）幼儿集体生活的适应性

幼儿集体生活的适应性的观察要点包括：第一，幼儿是否懂得基本的社交礼仪，如入、离园时和老师主动打招呼，会说“谢谢”“对不起”等礼貌用语，做出礼貌的行为；第二，是否遵守集体活动的规则，如会排队等；第三，是否具备基本的人际交往技能，如会协商、合作和沟通等；第四，是否能体验集体生活的乐趣，如维持家庭亲情、师生情与同伴友爱等。

二、幼儿生活活动的解释

（一）影响教师解释分析幼儿生活活动的因素

1.教师个人的因素

（1）教师的教育观

教师的教育观是解释分析幼儿生活的方向标。在良好教育观下，教师对幼儿生活活动行为的解释更多关注到其积极的一面，如一位幼儿不太爱吃饭，教师不是用“不听话、不是乖孩子”来批评甚至惩罚幼儿，而是通过仔细地观察和调研了解幼儿不吃饭的原因，保持爱心和耐心，循序渐进地引导幼儿形成按时吃饭的好习惯。

（2）教师的生活习惯

人都会认可跟自己习惯相似的人，教师也是一样。教师自己的生活习惯会无形中影响他们对幼儿的生活活动的解释、分析。对幼儿和自己相似的部分，教师更能解释、分析，并采取相对温和的态度。如教师有做事及时的习惯，对于能及时完成任务的幼儿，教师就会积极地回应；而对于有拖拉习惯的幼儿，教师就不能理解他。

（3）教师的个人经历

每位教师的家庭情况、学业背景和社会阅历，都会影响其对幼儿生活习惯的解释判断，若幼儿与教师在家庭情况等方面有相似的经历，教师会更能共情，也更能解释其行为的原因。

2. 幼儿的个人因素

教师对幼儿生活活动的分析和解释还与幼儿的个人因素相关。幼儿的个人因素影响的主要是两个方面：第一为幼儿自身的因素，教师解释的幼儿生活活动是幼儿在幼儿园受到的教育和与周围人的互动中完成的，生活活动具有随意性和不严谨性，容易受幼儿的外貌、性格等个人因素影响；第二则为家庭的影响，家庭结构、家庭的教养方式、经济水平等因素也会影响到教师对幼儿生活活动进行解释、分析。尽管这些因素会影响到教师对幼儿的生活活动的解释、分析，但作为老师，应采取积极的措施进行调整，客观公平地对待幼儿。

（二）解释幼儿生活活动时的思考角度

生活活动中幼儿出现的行为都有其背后的原因，作为教师，在记录幼儿生活活动时，要努力地挖掘行为背后的成因，并给行为赋予意义，提出恰当的问题。教师在解释幼儿行为的成因时首先可以从幼儿的需要是否得到满足出发，此处的需要包含两个方面：第一为生理需要，如果幼儿休息、饮食等方面没有得到满足，幼儿在生活活动中的行为就会受到影响；第二为心理需要，如幼儿没有受到教师足够的关爱，可能会排斥幼儿园的生活，还有幼儿在行为上没有收获成就感，良好的生活习惯就会减少出现甚至消失。其次要考虑环境是否满足幼儿的需要，幼儿在生活活动中的表现容易受到环境的影响，为此，教师在解释幼儿生活活动时还应考虑物质环境、生活环境和活动安排等方面是否能满足幼儿的需要。

三、幼儿生活活动的引导策略

(一)关注生活活动的个体差异

幼儿因个体的差异,即使参加同样的生活活动,产生的行为表现也是不同的,所以幼儿园在实施生活活动时要考虑幼儿的个体差异,采用适宜的方法实施生活教育,做到真正的因材施教。教师应重点关注身体不够健康、来自不同民族文化、新入园等有特殊情况的幼儿。

面对有特殊病情的幼儿,首先,教师应建立特殊幼儿档案。档案中必须详细地记录特殊幼儿的发病情况和注意事项,以便教师、保育员和保健医生查看和照顾,进行对比。其次,教师、保育员和保健医生应对特殊幼儿制订专门的教育方案,并随着幼儿病情的发展及时调整其教育方案、及时入档,以便后期查阅。最后,教师应时常观察记录特殊幼儿的健康变化状况,如有特殊情况应及时与家长沟通联系,以便更好地照顾幼儿。教师还应多关注特殊幼儿的心理健康,教师要引导其他小朋友友好地接纳他们,关注其在幼儿园集体生活中的表现,并帮助他们建立自信心。虽应关注幼儿的个体差异,但也应考虑到集体的需要,不要造成教育公平的缺失。

(二)注重生活活动整体性

生活活动贯穿幼儿园一日生活始终,与其他的活动紧密相关。教师在引导生活活动时应考虑幼儿教育的综合性,整合所有的教育活动内容,做到各种活动相互联系、相互渗透,教育于生活。首先,考虑整合各种生活经验,因为各种生活活动之间是相互联系的,经验也是相互结合的,教师在引导中应该综合幼儿在活动中的表现,更好地融合各种生活经验,提升幼儿的适应能力。其次,是整合不同活动方式,在幼儿园中,生活活动、游戏活动、运动活动和集体活动等一起构成了丰富的教学内容,教师应考虑各种活动方式的整合。一方面,教师要抓住生活活动中的教育契机,扩展教育的内容;另一方面,教师要充分利用多种活动方式,渗透生活教育。最后,整合多种教育资源。幼儿园和家庭中有丰富的教育资源,如幼儿园中的教师和家庭中的父母可以借助言传身教的力量,践行爱国敬业、诚信友善,为孩子树立好的榜样。社区中还隐含很多的教育资源,如在社区中,可以邀请相关的专业人士对孩子进行卫生、消防等知识的讲解。

(三)注重生活活动的体验感

生活经验是实践来的,是一种参与,更是一种体验。要生活活动能更好地促进幼儿的发展,就必须使之进行实践,教师在生活活动中要更好地关心幼儿的生活体验,引导幼儿投入生活,在活动中生活,在活动中学习和发展。

教师应重视生活活动的体验,要求幼儿学会自己动手操作。在生活活动中,教师在引导上最容易犯的错误为:第一,教师喜欢说教,认为说教就是教育,没有让幼儿自己去重复实践,而事实上说教并不能让学生真正地养成良好的生活、行为习惯;第二,教师为了减少麻烦,直接在实践中为孩子代劳,如当小朋友吃饭较慢时,教师不是耐心地等待幼儿吃完,而是进行喂食,让小朋友较快地吃完饭;第三,教师有时“袖手旁观”,部分教师对幼儿的生活活动中好的行为习惯往往会过度解读,导致幼儿在需要帮助时,教师因过多地相信孩子能自己解决问题,从而缺乏方法引导和鼓励。

教师在关注幼儿的生活活动时更应关注幼儿的情感体验。当幼儿比较喜欢做某事时,积极的情感体验更能让幼儿坚持做好某一件事。另外,教师也要关注幼儿在生活活动中的整体体验,有时活动丰富、人数较多,会导致教师很难关注生活活动环节中的过渡环节。实际上,过渡环节也会影响到幼儿对整个生活活动的情感体验,如入园时幼儿的情绪会影响到已经入园的幼儿的情绪。

(四)家园共育的积极性

家庭是幼儿成长的主要场所,幼儿一天中的大部分时间是在家中度过,良好的家庭环境对幼儿的成长产生促进作用,而较差的家庭环境(如家庭成员间关系不和谐,频繁发生争吵)对幼儿的成长会产生阻碍作用。另外,如果幼儿在幼儿园养成了按时午睡的习惯,但是一到周末,家中没有午睡的习惯,幼儿在家不午睡,那么幼儿就很难长久养成按时午睡的习惯。所以,家庭和幼儿园在教育的方式上保持一致,才更能有效地促进幼儿良好生活习惯的养成。

教师和家长沟通时要注意方法和态度,因为每个家长都有自己的特点。首先,教师要和家长建立有效的沟通方式,获得家长的信任和理解,从家长那儿获得幼儿在家的真实情况,并且在沟通中可以让家长理解生活教育的重要性,获得家长的支持。其次,教师应该引导家长掌握生活教育的科学方法,使幼儿在家的生活习惯和园中好的生活习惯保持一致。最后,教师也可以向优秀的家长学习教育经验,不断提高自己的教学水平。

任务二

幼儿进餐活动的观察与引导

任务目标

1. 了解幼儿进餐活动的特点。

2. 掌握对幼儿进餐活动进行观察的要点，分析和解释要点。

任务准备

1. 物质准备：教学活动视频、教学PPT课件。

2. 经验准备：前期课程中对幼儿的生活活动有一定的了解，到幼儿园去见习、实习，了解了幼儿园生活活动的现状。

工作表单

工作表单1

案例分析

赵老师刚到小班，班上有个叫玉玉的幼儿就引起了赵老师的关注。通过观察，赵老师发现玉玉是一个腼腆的小朋友，每到吃饭的时候，玉玉总是不动餐具，但是当老师去帮助他时，玉玉吃饭就很积极了。反之，如果没有老师的帮忙，玉玉就不吃饭。经过进一步了解发现，原来玉玉在家都是奶奶给他喂饭。

思考：1. 教师在幼儿进餐活动中可以观察的内容有哪些？

2. 你认真思考分析过幼儿在进餐活动中的行为表现吗？

3. 幼儿教师对观察到的进餐活动进行解释需要考虑哪些因素？

工作表单2

思考总结

思考并讨论解释幼儿进餐活动中的行为表现可以从哪些角度出发。

工作表单3

小组讨论

小组讨论:对于幼儿园进餐活动中的问题,教师可以采取的策略有哪些?

任务分析

本次任务旨在了解幼儿进餐活动的观察要点，并在观察中抓住要点，不遗漏要点。掌握幼儿进餐指导策略，能为幼儿进餐习惯的养成提供有效的支持。

学习支持

进餐活动主要是指幼儿在幼儿园生活中的三餐两点，部分幼儿园可能是一餐一点。幼儿在幼儿期是成长发育较快的，通过合理安排幼儿的饮食，可以有效地促进幼儿健康成长。引导幼儿的进餐行为，让他们养成良好的进餐习惯，这对幼儿的成长尤其关键。幼儿的进餐活动中有着丰富的教育契机，抓住幼儿进餐时的教育契机进行教育，是帮助幼儿养成良好进餐行为的重要途径。

那幼儿进餐中会存在哪些问题呢？这些问题是个别的，还是多数幼儿都有的呢？幼儿形成进餐行为习惯的原因有哪些？这都需要教师认真观察并分析，以便找到解决问题的策略。

一、幼儿进餐活动的观察要点

进餐行为的观察共分为3个环节，分别为餐前的准备，进餐中的技能掌控和进餐状态，餐后的整理。具体为：

进餐前，教师主要观察幼儿的餐前情绪（愉悦、放松还是紧张、焦虑等），以及是否洗手（洗手姿势是否正确），是否能安静等待进餐。

进餐中，教师观察幼儿的用餐姿势是否正确，是否能正确使用餐具，是否有良好的进餐习惯，进餐的速度是否适中，还可观察个别幼儿的进餐特点，如是否有挑食的行为等。

进餐后，教师观察幼儿是否主动收拾餐具、整理餐桌，是否把餐具及时送回餐具回收处，还可观察幼儿是否能正确地漱口、擦嘴、洗手、擦手，进餐后是否和同伴打闹，餐后是否能安静休息等，教师还可反思进餐过程中教师的引导策略是否有效。

教师若是对幼儿进餐行为进行观察，可设计观察记录表3-1，而要对个别幼儿的进餐行为进行观察，可采用实况记录法进行记录，并分析其进餐行为中出现不良行为的原因，提供合理的建议。

表 3-1　某幼儿园幼儿进餐观察记录表

班级：________　观察教师：________　人数：________　观察时间：________

项目	内容	幼儿的表现（人数）				备注
		非常好	好	一般	不好	
进餐前	1.情绪稳定，乐意吃饭					
	2.主动、正确洗手，并保持手的清洁					
	3.安静等待就餐，做好就餐前的准备					
进餐中	1.用餐的姿势正确，如坐姿正确、拿碗筷或勺子的姿势正确					
	2.正确使用餐具，熟练使用勺子或筷子					
	3.安静进餐，细嚼慢咽					
	4.不掉饭、不剩饭，保持餐桌、地面、自己衣服的整洁					
	5.不挑食、不偏食，不暴饮暴食					
	6.进餐速度适中，在20—30分钟内完成进餐					
进餐后	1.整理自己的餐具，轻拿轻放					
	2.有序地进行正确漱口和擦嘴、洗手、擦手					
	3.安静活动，不打扰同伴用餐，不追逐打闹					
分析进餐情况及整理教师引导策略						

二、幼儿进餐活动的解释

影响幼儿进餐活动的因素很多，分析幼儿进餐活动，抓住教育契机，培养幼儿良好的进餐行为习惯。作为教师在解释和分析幼儿行为时可考虑几个问题：

（一）环境对幼儿进餐的影响

幼儿进餐会受到环境的影响，教师分析幼儿进餐行为时可将环境因素考虑在内。第一是物质环境，健康的物质环境，如光线充足、空气流通、美观干净的餐具和餐桌、整洁的室内、进餐环境的温度适宜等对幼儿进餐都有促进作用，反之亦然；第二是心理环境，有俗话说“饭前不能吼骂孩子，不然吃的饭都是气饭”，可能还会导致消化不良等，所以良好的心理环境不但可以促进幼儿愉悦进餐，还可以使他们体验到集体生活的快乐。

（二）食物本身是否适合幼儿

幼儿对食物本身也是有要求的，对于色泽鲜艳、甘甜可口的食物，幼儿就会比较喜爱，而面对外形难看、有刺激性气味的食物幼儿就会拒绝进食。因此，食物本身的特性也会对幼儿进餐产生影响，所以这就要求幼儿园厨师在烹饪时要尽量把食物做得美观且有香味。

（三）幼儿本身的内在因素

幼儿进餐中出现问题，背后的原因很多，除外在的因素以外，还有幼儿本身的内在因素。根据幼儿的身心发展水平，具体问题具体分析：

1.幼儿本身的身体不适

当幼儿本身的身体出现不舒服时，就会影响其食欲及进餐速度。如幼儿在肚子不舒服时会不想吃饭。

2.幼儿进餐时的情绪不佳

幼儿在幼儿园可能出现分离焦虑，如刚到幼儿园的幼儿会特别想念自己的亲人，因此不愿意吃饭。另外，当幼儿在幼儿园受到了批评或欺负以及和同伴闹矛盾、起争执时，也会导致幼儿的情绪不佳不愿意吃饭。

3.条件式吃饭

当幼儿把吃饭作为一种筹码时，幼儿会在吃饭之前跟教师讲条件（若教师答应其条件，幼儿就能好好吃饭；若教师不答应其条件，幼儿就会不配合吃饭），通过这种方式达到目的。

4.吸引他人关注

当幼儿发现其他幼儿进餐困难教师就会对其格外关注时，为了得到教师的关注，幼儿也会在进餐中故意表现出进餐困难等行为，希望教师也格外地关注他。

5.进餐技巧不熟悉

某些幼儿的动作技能发展不平衡，导致手眼协调性较差，不能很好地运用餐具，若幼儿多次尝试进餐未成功，会丧失信心，导致他不愿意进餐。

6.饭前运动量不足

如果幼儿当天的运动量严重不足，幼儿就没有饥饿感，相比运动量足时，幼儿的进餐量就会减少。

（四）幼儿园与家庭的进餐一致性

家庭和幼儿园的进餐一致性体现在两个方面，一方面是进餐习惯应一致，如家中老人带幼儿时，吃的东西都会偏软，幼儿在进餐过程中也可能拖拖拉拉，而正常的进餐时间为20—30分钟。还有当幼儿不想吃之后，家长担心其没有吃饱，在后面追着喂，这样的行为并不好，不是从源头解决问题。如果幼儿不想吃了，就应该跟幼儿讲清楚，这次吃饭之后要等待我们下一次进餐的时间才能吃东西，若时间不到就不能吃别的东西。另一方面是进餐制度应一致，如幼儿在幼儿园的一日两餐前都有足够的运动量，不会吃大量的零食，能够保持正常就餐，但在家里，幼儿几乎都是起床就吃饭，且会在家吃大量的零食，就会导致吃饭时根本没有饥饿感，不正常吃饭。

三、幼儿进餐活动的引导策略

微视频：《进餐活动中的实况详录》

（一）营造好的就餐环境

良好的进餐环境给幼儿带来愉悦的心情，幼儿能更好地进餐。首先，要给其良好的进餐物质环境，食堂要干净整洁、食物要有吸引力；其次，要建设良好的心理环境，教师可以在餐前对食物进行介绍，让幼儿对食物充满期待；最后，在餐前减少对孩子的批评。成年人更应将自己树立为榜样，让幼儿跟自己学习。

（二）合理的活动安排

幼儿每天的户外运动时间不能少于两小时，制订合理的作息并严格执行，有利于幼儿活动的开展。充分的休息和睡眠是幼儿精力充沛的前提，若幼儿休息或睡眠时间不足，就会导致幼儿在生理上出现头晕、头痛等情况，从而影响进餐。制订制度并长期坚持有助于幼儿形成良好的进餐习惯，而长期不规律的进餐会导致幼儿的消化系统紊乱，肠胃等出现问题。

合理的餐前和餐后活动有助于幼儿进餐。小班幼儿在进餐前教师可以对今天的食物进行讲解，让幼儿对食物产生兴趣。对于中、大班的幼儿，教师可以播报菜谱，让幼儿了解当天食谱的营养价值，提高幼儿的进餐欲望。幼儿还可在游戏活动和集体活动中了解进餐的重要性，引导幼儿去讨论幼儿自己不经常吃的食物，了解其营养价值和对自己身体的好处。

（三）尊重幼儿的个体差异

幼儿在进餐技巧、进餐速度、进餐专注度、饭量的多少以及对食物的喜爱程度等方面各有不同。教师应该通过仔细观察、认真分析，在尊重其年龄特征的前提下对幼儿进行有效的、有针对性的引导。如小班的幼儿由于手眼协调的发展不足，教师应该有耐心地教授其如何正确使用餐具，给予其更多的练习时间；而中、大班的幼儿，有一定的自我管理能力，教师可采取激励或树立榜样的方式进行引导，通过观察记录表进行打分，鼓励幼儿不断地完善自己行为中的不足，养成良好的进餐习惯。

（四）家园共育

幼儿良好的进餐行为习惯除在幼儿园要求严格执行外，教师还应多和家长进行沟通，建立家园共育体系。特别是对某些溺爱幼儿的家长，教师应该与其进行良好的沟通，共同探讨幼儿良好进餐行为的好处以及科学育儿的经验。但是对于教师来说，和家长的沟通是一门需要技巧的学问，有的教师和家长沟通流畅，在工作上得到其大力的支持，而有的教师则遇到和家长沟通困难的情况，甚至觉得在工作上最大的阻力就是家长的不支持。所以在幼儿园的工作中，教师不光要关注幼儿本身，更要关注家长的育儿观念或者是育儿措施是否和幼儿园有冲突，如果存在冲突，教师应该如何去沟通、去解决。此外，教师要善于请教在家庭教育中育儿经验丰富的家长，积极积累育儿方面的经验。

幼儿的一日活动中，教师要善于发现进餐活动的教育价值，既要将其作为保教活动，更要将其作为教育活动。这要求教师抓住进餐活动中的教育契机，灵活运用进餐活动的教育价值。教育价值包括情感、态度、认知和能力等方面:情感上,培养幼儿的进餐兴趣,让幼儿养成珍惜粮食、勤俭节约的优秀传统美德,让他们热爱劳动;态度上,引导幼儿不偏食、不挑食、少吃或不吃垃圾食品,促进秩序养成,养成餐前洗手、餐后漱口等习惯;认知上,幼儿能认识食物,知道食物的营养、食物的分类等;能力上,有正确地使用餐具、独立进餐、自我服务和为他人服务的能力,有餐后的人际交往能力、言语表达能力等。

任务三

幼儿盥洗活动的观察与引导

任务目标

1. 了解幼儿盥洗活动的特点。

2. 掌握幼儿盥洗活动的观察要点,分析和解释要点。

任务准备

1. 物质准备:教学活动视频、教学PPT课件。

2. 经验准备:前期课程中对幼儿生活活动有了一定了解,到幼儿园去见习、实习,了解幼儿园生活活动的现状。

工作表单

工作表单1

案例分析

老师刚到小班,班上有个幼儿叫艳艳。老师发现艳艳每次去洗手,她都会把衣服袖子打湿。通过了解,原来艳艳在家时就特别喜欢玩水,但父母觉得爱玩水是幼儿的天性就没有约束她。

思考:1. 教师在幼儿盥洗活动中可以观察的内容有哪些?

2. 你认真思考分析过幼儿在盥洗活动中的行为表现吗?

3. 教师在解释盥洗活动的过程中需要考虑哪些因素?

工作表单2

思考总结

思考并讨论解释幼儿盥洗活动中的行为表现可以从哪些角度出发。

工作表单3

小组讨论

小组讨论:对于幼儿园盥洗活动中的问题,教师可以采取的策略有哪些?

任务分析

本次任务旨在了解幼儿盥洗活动的观察要点,并能在观察中抓住要点,不遗漏要点。掌握幼儿盥洗活动的指导策略,为幼儿盥洗习惯的养成提供有效的支持。

学习支持

幼儿园的盥洗活动主要包括幼儿的洗手、洗脸、漱口和梳头等行为。而手作为幼儿与外界接触最多的部位,受到污染的概率最高,手部传染是常见的手足口病传染的主要途径之一。养成良好的盥洗习惯能大大降低幼儿受到传染病传染的概率。

一、幼儿盥洗活动的观察要点

对盥洗活动进行观察的要点主要有:盥洗安全、盥洗意识和盥洗能力。

首先,盥洗安全意为:第一,幼儿是否有序排队;第二,地面是否保持干燥;第三,教师是否关注到每个幼儿。

其次,盥洗意识意为:第一,幼儿是否有主动盥洗的意识,如饭前洗手;第二,幼儿是否知道盥洗对身体的好处,如常洗手能预防疾病;第三,幼儿是否能积极主动地学习盥洗的正确方法,如观看盥洗的视频和洗手的步骤图。

最后,盥洗能力意为:第一,幼儿是否有盥洗前的准备,如洗手前先把袖子挽起来;第二,幼儿是否掌握正确的盥洗方法,如用六步法洗净双手;第三,幼儿是否能节约用水、不玩水,洗手后及时关闭水龙头。

二、幼儿盥洗活动的解释

对于盥洗活动中幼儿不正确的行为,我们可以通过以下几个方面进行分析和解释:

第一,环境是否适合。教师在教育幼儿盥洗习惯的过程中,应精心制作图标,并将其贴在显眼的地方,以帮助幼儿养成良好的习惯。

第二,方法是否适合幼儿的年龄特征。不同年龄的幼儿,在盥洗时显现出的问题也不同。例如,小班的幼儿可能在洗手等姿势上不正确,且对水龙头的开关表现出浓厚的兴趣,精细动作能力发展不足,力量上不够,不会挽袖子等。而中、大班的幼儿则可能出现对盥洗过程的兴趣大于目的本身,经常在盥洗时打闹、喜欢和同伴玩耍,虽然了解盥洗的意义,但在执行力上不足。

第三,教师的榜样作用。言传身教在教育中发挥着重要的作用。班杜拉曾经说过,幼儿总是通过眼睛和耳朵去观察和模仿周围人的有意、无意行为。教师作为幼儿心目中最具影响力的人，是幼儿经常自发模仿的对象，因此教师的盥洗习惯也会影响到幼儿的盥洗习惯。

三、幼儿盥洗活动的引导策略

对幼儿的盥洗活动的引导要基于对幼儿盥洗行为做出的解释，所以教师在引导幼儿的盥洗活动时也是从三个方面进行。

首先，创设适应幼儿盥洗习惯养成的环境，从环境的创设上培养幼儿盥洗的意识，如在幼儿常走动的走廊上张贴预防疾病中盥洗重要性的科普图片，在课堂上放映讲盥洗步骤、盥洗次序的图片或者视频。

其次，合理地开展教育活动，针对不同的幼儿，采取不同的方式方法，如小班的幼儿需要示范并在示范后对幼儿进行单独的引导，纠正每个步骤存在的问题，还可以采用儿歌等方式调动幼儿的积极性。对于中、大班的幼儿，要引导其认识到盥洗的重要性，还可以采用录像等方式，让大家发现盥洗中不对的地方。中、大班幼儿最容易在盥洗时打闹嬉戏，教师一定要制止此类情况，告诉他们这样会导致什么样的后果，并鼓励幼儿之间相互鼓励、相互提醒。

最后，树立榜样，让教师发挥积极的示范鼓舞作用。因此，在对幼儿的教育中，教师不仅要让自己成为幼儿学习的榜样，还可以从同伴中为其树立榜样，或鼓励幼儿回到家后为妹妹或弟弟树立榜样，甚至在大人面前展示他们的盥洗能力。这样，幼儿将能获得更大的兴趣，从而更加积极地参与盥洗活动。

任务四

幼儿午睡活动的观察与引导

任务目标

1. 了解幼儿午睡活动的特点。

2. 掌握幼儿午睡活动的观察要点、分析要点和解释要点。

任务准备

1. 物质准备：教学活动视频、教学PPT课件。

2. 经验准备：前期课程中对幼儿生活活动有一定的了解，到幼儿园去见习、实习，了解幼儿园生活活动的现状。

工作表单

工作表单1

案例分析

午睡时间，涛涛突然放声大哭。王老师赶紧跑到涛涛旁边，不断安抚涛涛并问涛涛怎么了。涛涛回答说，每次在家都是爸爸或妈妈挨着自己睡觉，而今天睡醒了发现身边没有人，因为害怕所以就哭了起来。

思考：1. 教师在幼儿午睡活动中可以观察的内容有哪些？

2. 你认真思考分析过幼儿在午睡活动中的行为表现吗？

3. 幼儿教师对观察到的午睡活动进行解释需要考虑哪些因素？

工作表单 2

思考总结

思考并讨论解释幼儿午睡活动中的行为表现可以从哪些角度出发。

工作表单 3

小组讨论

小组讨论：对于幼儿园午睡活动中的问题，教师可以采取的策略有哪些？

任务分析

本次任务旨在了解幼儿午睡活动的观察要点，并在观察中抓住要点，做到不遗漏。掌握幼儿午睡的指导策略，为幼儿午睡习惯的养成提供有效的教师支持。

学习支持

睡眠对个体的生长发育具有重要的意义，幼儿时期正是幼儿生长发育的旺盛期，需要的睡眠时间较于成年人来说更多。《3—6岁儿童学习与发展指南》明确要求"保证幼儿每天睡11~12小时，其中午睡一般应达到2小时左右"。教师要帮助幼儿形成良好的午睡习惯，这有助于其身心的和谐健康发展。

一、幼儿午睡活动的观察要点

一个完整的午睡活动包括睡前活动、睡中活动和睡后活动三部分。睡前活动包括保持安静、提醒检查等。睡中活动主要是指教师巡视幼儿的入睡情况，如是否入睡、睡姿是否正确和对个别入睡困难幼儿的引导等。睡后活动主要为幼儿的起床、叠被子、穿衣穿鞋、梳头等。

睡前活动，教师主要观察幼儿睡前的情绪是否愉悦、轻松，睡前是否如厕、床上是否有危险物品，是否脱衣服、鞋子并摆放整齐，是否盖好被子。

睡中活动，教师观察幼儿是否安静入睡，是否有蒙头睡觉或存在不良睡姿的情况，是否存在吃手指或咬被角的不当行为。幼儿是否存在发烧、出汗等身体不适的现象，是否有幼儿存在入睡困难的情况。部分幼儿午睡中途还有如厕行为，教师必须让其保持安静。还需观察个别情况特殊的幼儿是否需要帮助。

睡后活动，教师观察幼儿是否按时起床、能否自己叠被子、穿衣穿鞋，情绪是否正常。教师还可制订观察记录表对幼儿的午睡行为进行观察，若出现不良的午睡行为，教师还必须抓住教育契机做好教育引导工作。

二、幼儿午睡活动的解释

教师在对午睡活动进行解释和分析时,可从以下方面进行:

(一)睡前准备是否充足

午睡前的准备有助于幼儿提高睡眠质量,如可以给小朋友讲解午睡的好处并且鼓励小朋友独立入睡。

(二)教师对幼儿睡眠特点的了解

不同的年龄阶段和不同的个体存在差异,对于小班的小朋友来说,适应环境需要时间,以致其很难快速入睡。因为他们在家时主要由家长陪同午睡,而到了幼儿园没有家长陪同时,幼儿不免缺乏安全感,入睡困难。再则,小班幼儿的认知水平和发展水平有限,对衣服和被子等的左右和长宽分不清,在感到难以独立完成穿衣叠被等任务时,幼儿容易情绪失控、止不住哭泣,因此教师不能只给幼儿提要求,还要去引导,让幼儿使用正确的方法完成任务并理性地表达诉求,慢慢地学会自己解决问题。而中、大班的幼儿已经养成了一定的午睡习惯,但是可能会因为贪玩等原因不愿入睡,甚至故意拖延。教师需要了解幼儿不愿午睡的具体原因,并进行引导,若只是一味说教会导致幼儿产生逆反心理。中、大班的幼儿需要的午睡时间慢慢地缩短,如果要求他们全部必须午睡两小时左右,部分幼儿就会难以入睡或早早地醒来,但又担心会被批评,只能躺在床上玩玩具,或和同学讲话聊天,甚至打闹嬉戏。

(三)家庭作息是否科学规律

部分幼儿在家没有午睡的习惯,或是在家睡觉的时间不规律,导致他们有时晚上睡得晚,第二天就午睡,有时晚上睡得早,第二天就不午睡,作息完全不规律。而有的幼儿在家有午睡的习惯,在家的午睡时间长短也会影响到其在幼儿园午睡的时间长短,或者使其不适应在幼儿园午睡。所以幼儿的午睡习惯要科学规律,控制在适量的时间,而不是过长和过短。

(四)幼儿的故意行为

幼儿在午睡过程中出现不良行为,可能是为了吸引教师的注意。让教师花更多的时间去关注他、关心他。所以教师在午睡过程中要学会正确地处理这类问题,可以采取树立榜样或者冷处理的方式来解决幼儿的故意行为问题。

三、幼儿午睡活动的引导策略

（一）睡前的准备工作

做好睡前的工作准备，能大大提高幼儿午睡的睡眠质量。首先是幼儿睡前的情绪准备，在睡前的活动中教师不能过多地刺激幼儿，如组织使其兴奋度保持较高水平的活动，也禁止睡前对幼儿进行严厉的批评等，教师可以播放轻缓的纯音乐或儿歌安抚幼儿情绪。

其次，睡前必须保持床上用品的清洁，要给幼儿营造一个舒适的睡前环境，如教室的温度要适度，温度过高或过低都不利于幼儿入睡；还要保持空气的流通，过闷也会不利于幼儿入睡。教师还应引导幼儿保持安静，并用手势等肢体语言示意幼儿入睡。

最后，教师在幼儿入睡前还得做好对安全隐患的排查，如检查幼儿的床上是否有危险物品，幼儿的情绪是否稳定，身体是否不适。提醒幼儿睡前如厕，提醒幼儿睡前对自己的物品进行整理。

（二）注重午睡时巡视引导

教师在幼儿午睡时应该做什么呢？首先，教师要增强责任意识，重视午睡巡视，很多的突发事件都是教师在巡视中发现的，所以午睡的巡视就是为幼儿的午睡保驾护航。其次，教师必须做好午睡巡视的工作，细心观察幼儿午睡状态，及时发现异常情况。再次，还要对幼儿不良的睡姿及时纠正，帮助幼儿盖好被子，预防感冒。并根据巡视的情况做好午睡情况观察表的记录。最后，在午睡时遇到入睡困难的幼儿要灵活处理，如遇到窃窃私语的幼儿可以采取换床的方式，让这两个幼儿隔远点儿，最重要的还是需要教师以身作则，做好表率，潜移默化地影响幼儿。具体还需要根据幼儿实际情况，了解其行为背后的原因，实施有效的引导。

（三）采用游戏和家园共育等方式引导

幼儿可以通过娃娃家的游戏认识到午睡的好处，明白在午睡中不良的行为会对他人造成影响，也可能影响到自己。教师还可以通过游戏和集体活动，告诉他们午睡的重要性。此外，还必须通过家园共育的模式，培养幼儿午睡行为，通过网络聊天软件、电话或者短信等方式积极和监护人进行沟通，一起培养幼儿良好的午睡习惯。

项目小结

本项目主要学习幼儿生活活动观察的类型，及进餐活动、盥洗活动、午睡活动中观察的要点，分析和解释要点。

直通赛证

一、选择题

为了让幼儿在户外活动中能一物多玩，最适宜的方法是（　　）

A. 教师集体示范

B. 幼儿自主探索

C. 教师分组讲解

D. 教师逐一训练

二、简答题

1. 举例说明如何在幼儿园一日生活中实施“动静交替”的原则。

2. 简述教师在幼儿户外活动时应注意哪些方面？

三、论述题

1. 试述幼儿园教育应“渗透幼儿一日生活的各项活动中”的理由，并举例说明。

2. 户外活动中，幼儿玩得很高兴，但满头大汗，脸色通红，针对这种情况，教师应该怎么做？

实践实训

结合见习、实习中的经历，对幼儿进餐、盥洗、午睡行为进行观察分析。

项目评价

主题	内容	优秀	良好	一般	较差	很差
学习态度	能准时参加全部课程，按时提交作业，及时查阅教师上传的学习材料	5	4	3	2	1
专业知识	了解对幼儿进餐、盥洗、午睡活动进行观察的要点，掌握如何制订教师引导策略	5	4	3	2	1
研讨精神	积极参与讨论，对其他人的发言能提出合理的分析和见解	5	4	3	2	1
团队协作	能很好地融入课堂小组讨论，与小组成员共同推进学习进程	5	4	3	2	1
沟通交流	能够清晰准确地表达自己的观点，与他人交流时态度、语气恰当	5	4	3	2	1
人文素养	树立幼儿行为观察与记录的正确观念，具有良好职业道德和教育观念	5	4	3	2	1
信息素养	会检索相关的文献资料，主动学习	5	4	3	2	1
实践应用	能根据学习知识，对案例进行分析	5	4	3	2	1
自我小结						

推荐阅读

[1]王烨芳.学前儿童行为观察与分析(第2版)[M].南京:江苏凤凰教育出版社，2023.

[2]侯素雯，林建华.幼儿行为观察与引导这样做(第二版)[M].上海:华东师范大学出版社，2019.

项目四

幼儿园教学活动中的观察与引导

学习目标

知识目标

理解幼儿园教学活动观察与分析的内涵，了解幼儿园教学活动观察与分析的意义和引导策略；掌握幼儿园教学活动观察的要点、内容与方法。

技能目标

学会根据不同领域教学活动的特点与幼儿的年龄特点确定观察的内容与方法，并在实践中加以运用；学会设计不同领域活动的观察与分析方案。

素质目标

乐于观察幼儿园教学活动中的行为，能感受到观察行为的乐趣；具有良好职业道德和教育观念；热爱学前教育事业，具有爱岗敬业和服务社会的精神。

学习重难点

学习重点

1. 了解幼儿园教学活动观察与分析的内涵、意义及引导策略。

2. 掌握幼儿园教学活动观察的内容与方法。

3. 能根据不同领域教学活动的特点与幼儿的年龄特点确定观察的内容与方法，并学会设计不同领域活动的观察与分析方案。

学习难点

分析幼儿园教学活动观察的内容与方法，并在实际中加以运用。

思维导图

- 幼儿园教学活动中的观察与引导
  - 幼儿园教学活动的观察与分析
    - 幼儿园教学活动观察的意义
    - 幼儿园教学活动观察的要点
    - 幼儿园教学活动观察的引导策略
  - 幼儿园教学活动观察的内容与方法
    - 健康教育活动中的观察
    - 语言教育活动中的观察
    - 社会教育活动中的观察
    - 科学教育活动中的观察
    - 艺术教育活动中的观察

任务一

幼儿园教学活动的观察与分析

任务目标

1. 了解幼儿园教学活动观察的意义。

2. 掌握幼儿园教学活动观察的要点。

3. 掌握幼儿园教学活动观察的引导策略。

任务准备

1. 物质准备：教学活动视频、教学PPT课件。

2. 经验准备：前期课程中了解了部分幼儿行为观察的概念，到幼儿园去见习、实习，了解幼儿园教学活动的现状。

工作表单

工作表单1

案例分析

在一次艺术活动中，教师组织幼儿合作搭建桥。为了加深幼儿对桥的认识，教师让幼儿自由发挥想象力。于是，幼儿先在纸上设计了桥，便开始讨论桥的结构、特点等，听到他们激烈的讨论，教师提议让他们分享他们设计的桥。

思考：1. 你认为幼儿园教学活动是什么？

2. 从哪些方面来理解幼儿园教学活动观察？

工作表单2

思考总结

思考并讨论幼儿园教学活动观察的意义和其与生活活动观察的区别。

工作表单3

小组讨论

小组讨论：幼儿园教学活动的观察要点和引导策略有哪些？

观察要点	引导策略

任务分析

本次任务旨在了解幼儿园教学活动观察的意义，掌握幼儿园教学活动的观察要点和引导策略。

学习支持

幼儿园教学活动是指教师有目的、有计划、有组织地对幼儿实施教育影响的过程。[①]还有研究者认为幼儿园教学活动是指幼儿教师有目的、有计划、有组织地引导幼儿获得有益学习经验的过程。[②]在教学活动中，其活动内容具有针对性、适宜性，使得幼儿在教师的教育引导下习得新知识，在集体活动中学会沟通交流、互动合作，有效促进幼儿身心全面发展、和谐发展，进而提升幼儿的综合能力。

教学活动观察是指研究者在教学活动中对教育对象、教育者以及一切教育教学行为的观察。[③]换言之，教学活动观察指的是观察者（一般为研究者或者教师）根据观察目标，凭借自己感觉器官（如眼）以及辅助工具（如摄影设备），直接或者间接从教学活动中收集资料，并整理资料做相应研究的研究方法。因此，在教学活动中若能对幼儿进行相应的观察、记录和指导，就能进而为幼儿的发展与教育提供帮助。

一、幼儿园教学活动观察的意义

（一）提升教师教育理念的科学性

教育活动观察在教学评估中起着不可小觑的作用，是对教与学进行评价的科学方式。每一位幼儿教师对教育教学都会有自己的思考与理念，这些思考和理念在一定程度上会体现为个人的教育观、教师观、幼儿观等，导致其很容易从自己的视角去评价所看见的事情，因此，幼儿教师在教学过程中需要不断地反思，避免认知偏差，这将是提升教师教育理念科学性的重要路径。

要收集幼儿教师的教育教学状况，课堂观察是重要的有效途径。教育教学活动中涵盖丰富的教学评价信息，蕴含着较难量化或隐性但富有价值的教育理念。近年来，国内外研究者通过对课堂教学的不断研究，发现系统而有目的地观察课堂教学活

① 孙诚.幼儿行为观察与指导(第2版)[M].长春:东北师范大学出版社,2019.
② 夏宇虹,胡婷婷.学前儿童行为观察与指导[M].长沙:湖南师范大学出版社,2019.
③ 孙诚.幼儿行为观察与指导(第2版)[M].长春:东北师范大学出版社,2019.

动确实可以让教师更深入地理解课堂内部的规律，以及课堂中发生的事件所代表的深层含义。通过观察教学活动，教师可以反思发生了什么事和出现了什么问题，并做出更准确的评估，从而更有效地管理课堂。当然，教师若想要获得教学信息，就需要收集与观察教学过程中的每个细节，通过教学观察，很容易收集到教师的教学方法、教学思想、教学效果和教学参与度等方面的信息。通过对教学活动的观察，细心的教师可以发现幼儿遇到的一系列问题，从而进行有效的反思，促进幼儿成长。同时，教师想要提升自我，可以通过观察教学录像等方式不断地摸索、发掘优势，弥补不足，以此来构建科学的教育理念。

（二）深剖幼儿发展的途径

观察也是深度了解幼儿发展情况的途径。观察者通过教学活动观察，可以了解幼儿已有的知识、经验，也可以收集幼儿多方面的信息。当然，幼儿获得知识和经验的方法有很多种。他们可以通过与外部环境（如教师、家长、同伴等）的互动，使自己不断地获取信息，积累更多的经验。通过观察，观察者可以更深入地研究幼儿参与的活动，观察他们的言行，倾听他们的对话，从而对幼儿所获得的各种经验有不同程度的理解。通过观察，观察者还可以了解幼儿各种能力的发展状况。当然，无论是在托育机构还是幼儿园，通过量表、问卷的方式评估、测量幼儿的能力发展情况时，要考虑到幼儿的实际情况，而通过观察的方式来了解幼儿的实际情况无疑是不错的选择，观察法更能准确、全面地反映幼儿的能力发展水平。具体来看，幼儿的心理变化往往可以通过语言、面部表情、动作等表现出来。观察者可以通过观察、分析幼儿的外在行为来了解他们的心理状态。另外，观察还可以揭示幼儿的学习风格。在幼儿园这样的场所，观察者往往是教师。为了让即将开展的教学活动能够吸引幼儿，满足他们的不同需求，有必要了解他们的兴趣爱好，他们如何与同伴互动，他们如何表达自己的想法，而这些都可以通过观察来实现。

（三）促进教师的专业发展

就教师的整个教学行为而言，为了更好地把握当前的状况和即将要实施的教学行动，教师要有意识地从教学角度思考这些行为：从未被观察到的教学行为，观察到但未被记录的教学行为，以及有观察记录甚至有系统的长期观察记录的教学行为。因此，从这一角度出发，要建立规范的教学活动，寻求科学的依据，仅仅知道观察的意义、观察什么和如何观察是不够的，仍需加以完善。同时，没有适当记录工具的观察就像没有反思和计划的教学,很难确保取得切实的进展。

观察记录是一种富有意义的行为。观察者如果能有规律地记录,保持良性的记录方式,随着时间的推移,观察记录的隐性价值也显现出来。常说"好记性不如烂笔头",从这个角度来看,即便是拥有很强的记忆能力的教师,在观察过程中,书面记录也是有必要的,它不会随着时间的推移而消退。观察记录在很多时候甚至比大脑更可靠,可以进一步加深大脑的记忆,突显它的客观性和真实性。同时,观察记录是教师有意识地重新整理现象、澄清事实和反思自我的过程,因此,长期观察记录的积累在一定程度上可以规范教师的观察,使观察成为教师的习惯。进行持续的、有思考的记录,可以检验教师的某些假设是否合理、措施实施的效果是否理想,是否需要调整以及如何进行调整,可以让教师在后期进一步观察时更有明确的方向。在教研活动、教师之间的合作与交流、亲子活动设计、家园共育等方面,书面记录也是教师自我反思和专业提升的重要依据。

二、幼儿园教学活动观察的要点

(一)观察对象的选择

幼儿园教学活动内容虽多元化,但仍要兼顾幼儿具体的情况。若脱离了幼儿的实际情况,将失去真实的情境,如此一来,将难以促进幼儿情感、知识、技能等综合能力的发展。因此,这就要求幼儿教师在选择教学活动内容时,坚持回归幼儿的生活实际,将幼儿的所见所闻、熟知的材料等作为教学活动内容,使之更适合幼儿的学习。同时,幼儿园教学活动的组织形式多种多样,不同的教学目标也不尽相同,所以观察者在观察的过程中所选择的对象也应有所差异。

1. 个体活动

从观察的结果来看,使用日记法、轶事记录法等个案研究方法观察个体活动较为方便,可以进行一对一的长期观察,也可以对某个幼儿在某个阶段的活动进行翔实的观察、记录和分析。也就是说,观察者对某个幼儿进行观察之后,便可以根据所收集的资料来分析其行为的发展变化,进而提出相应的指导策略。

案例:今天我带着小二班的小朋友们来到了积木区,他们对搭积木很感兴趣,等我把活动规则说完,小朋友们有序地将积木运到稍微凉快的地方,开始了自己的创作。我看到鹏鹏小朋友和屹屹小朋友在认真地搭积木,我好奇地问他们:"你们在搭建什么呢?”鹏鹏说:“姜老师,我们正在搭一个城堡呢。”他一边说一边搭着,还和屹屹小朋友说:“我们再来搭一下它的房顶吧,这样它就不会被雨淋湿了。”过了一会儿,他们就搭好了,鹏鹏说:“姜老师,你看我们搭好了,好看吗?”我说:“好看！有没有姜老师的房间呢?”鹏鹏指着第四层积木说:“姜老师就住这里吧!”鹏鹏小朋友还找来了他的好朋友凯凯,让他一起拍照。

分析:这份观察记录中,观察者用描述性观察的方式记录小朋友们当时的行为表现,观察者通过对小朋友的行为动作、言语等细节进行描写,客观地呈现他们当时的表现,以此分析幼儿对搭积木感兴趣的原因。

2.小组活动

小组活动是幼儿园教学活动常见的形式之一,相对于个体活动,小组活动中的幼儿会表现出各种各样的行为,这无疑为教师观察幼儿的行为提供了方便,也为观察者提供了多个观察角度。因此,观察者(大概率是教师)通过对小组活动进行观察,收集到更多的资料,教师可以以这些资料作为评价、制订教学计划的参考资料,也可以为今后开展小组活动提供范式。教师通过对小组活动进行观察,为了解幼儿的参与度、互动情况、使用材料、言语、社会性发展等行为表现奠定了基础,更难能可贵的是,这些观察能够帮助教师调整教学内容,进而实现教学目标。

案例[①]:在一次“自制月历表”教学活动中,教师以爸爸妈妈要送生日礼物为由引出自制一份生日月历表的任务。教师出示一份月历表,引导幼儿观察:“月历上有些什么？我们怎么画月历呢?”

幼儿回答,“月历上有表格”,“每个格子里都有数字”,“有的数字是红色的,表示节假日,有的数字是黑色的”。(前期已经观察过挂历,幼儿有相关的经验)教师说:“爸爸妈妈要送生日礼物给小朋友们,请两个小朋友一起合作,制作一份生日月历表。”

于是,幼儿开始动手操作:有的幼儿拿到白纸就“唰唰唰”地画上了密密的小格子;有的幼儿横向随意画了几格,数字也顺着写过去,于是纵向的格子就少了;有的幼儿的横向格子少了、纵向格子多了。

教师在一旁看了,很着急,她让幼儿停止操作,说道:“看你们画的！月历上一排只能画几个格子啊？竖着的有几个格子？要先数清楚了才能画,不是你想怎么画就怎么画的！一横排就是一个星期,一个星期就是七天！看看你们都画了几个格

① 王春燕,等.幼儿园教学诊断技巧与对策58例[M].北京:中国轻工业出版社,2014.

子啊?”

于是,教师又重新发给每个幼儿一张白纸,让幼儿重新画。但除了小部分相对能干的幼儿外,大部分幼儿还是没有掌握正确画表格的方法。

最后,教师只好又重新发给幼儿制作好的表格纸,让幼儿直接在表格中填上相应的数字。

分析:教师试图让幼儿在发现月历的表格规律的基础上尝试制作月历表。但教师在对幼儿活动中的观察存在以下几个问题:教师对幼儿整体观察不到位;教师对个别幼儿的观察、指导不够仔细;教师没有看到表面现象背后的本质问题。因此,根据上述存在的问题提出相应的对策与建议:首先,提高观察意识,明确观察目的;其次,重视幼儿在活动过程中观察的细致程度;最后,学会通过观察到的表面现象看本质。

3.集体活动

集体教学活动是幼儿园常规教学过程中绕不开的核心主题之一,也是学前教育课程体系重要的组织形式之一,在学前教育中具有重要的地位和独特的价值。在集体教学活动中,教师可以随时观察到幼儿的行为表现,可以通过长期观察不断地调整与思考自己的教育行为,进而更好地实现教育目标。

幼儿在活动中的参与状态、社会性发展状况、认知水平、情绪情感表现形式等都是集体教学活动观察的核心内容。具体来看,幼儿的参与状态主要是指幼儿是主动还是被动参与集体活动,是否积极参与课堂互动,参与的程度如何。没有幼儿参与的教学,就不是真正的教学,参与状态体现教与学集于一身的重要性。幼儿的社会性发展也是观察中重要的参考依据,即在集体活动中,观察幼儿与同伴、教师的交往情况,通过幼儿的交往情况获得幼儿的各种信息。认知水平涉及面较广,既是考量幼儿认知水平也是考量其心理发展的重要渠道,即观察幼儿是否能感知到接触的事物、是否敢于做出判断、是否能在集体活动中发言、做事专注力持续时间是否符合该年龄阶段的要求。情绪情感主要涉及情绪稳定性状态、能否能控制好自己的情绪,遇到问题是否沉着冷静,是否能保持良好的心态。

案例:春天来了,大一班的孩子们对各种植物的生长变化很好奇,通过集体教学活动“不同的种子”,知道不同的种子可以生长出不同的果实。活动课后,孩子们好奇自己带来的种子会结出什么果实,都纷纷来到植物角种自己的种子。小程程种得很认真,而且一边种一边说:“种子种子快长大,让我看看你长得什么样。”老师见到便说："小程程，你种的什么种子呢？"小程程说："老师，我种的什么我也不知道，我在等它长大。"老师说："那你要做好记录，观察它的成长变化。让我们一起等待它慢慢成长吧，你要照顾好它哟！"

分析：幼儿能够在集体教学活动之后，积极动手去播种自己的种子并探索种子的成长历程，对事物充满好奇心和探究欲。同时，教师及时提供给孩子可操作的材料，并引导孩子认真仔细地完成一件事。

（二）观察角度的选择

若要更深层次地了解幼儿在教学活动中的行为，非常有必要对教学活动进行解构，建立观察框架。当然，教学活动涉及的因素很多，需要整理与归纳出一个科学、可操作性的观察框架，尽可能避免在观察过程中出现混乱。根据《3—6岁儿童学习与发展指南》（简称为《指南》）和《幼儿园教育指导纲要（试行）》（简称为《纲要》）的要求以及结合幼儿园教学的实际情况，在教学活动中要以幼儿为主体，注重观察幼儿的行为变化规律，找到适合的识别观测点，这样更便于教学。然而，在错综复杂的教学活动中，不能面面俱到，不能同时观察到每一个事件和每一个人，这就要求观察者清楚地认识到自己要做什么，能做什么。因此，选择合适的观察角度显得非常有必要，下列是可以参考的一些角度：

（1）幼儿的兴趣爱好：幼儿对今天所学的内容是否感兴趣？

（2）幼儿的认知水平：幼儿的理解能力、感知能力、注意力、记忆力如何？言语表达能力是否符合该年龄段幼儿的水平？遇到问题，幼儿解决问题的方法怎么样？

（3）幼儿的情绪体验：幼儿的愉悦度如何？情绪的稳定性程度如何？幼儿的体验能力是怎么样的？

（4）幼儿的社会性发展：幼儿的行为属于什么类型的？与教师、同伴的交往、沟通、互动情况如何？幼儿是否能主动地参与各项活动？

（5）幼儿的意志：幼儿在教学过程中是否坐得住？延迟满足能力如何？

（6）幼儿的需求：教学设计是否尊重幼儿身心发展的规律？是否考虑了幼儿的需求是什么？面对各种问题，又该如何去解决？

三、幼儿园教学活动观察的引导策略

（一）抓住幼儿浓厚的兴趣点

兴趣是一个人即便遇到困难也能勇往直前的强大内驱力，也是学习最好的老师。正是因为对幼儿园教学产生浓厚的兴趣，教师才会在教学过程中对幼儿进行针对性的教学和有意识的观察。

幼儿教师长期的重复性教学工作有可能会使他们产生职业倦怠，加之幼儿独特的身心发展特点，需要幼儿教师对学前教育产生浓厚的兴趣才能更好地坚持下去。

案例：到户外活动时间了，教师组织孩子们排好队来到了室外。天气虽已经放晴，但路上有些高低不平的地方还有积水，一个个小水洼拦住了孩子们的去路。看到地上的小水洼，可把孩子们兴奋坏了。

这时，教师发现前面的小水洼虽然很多，但水洼与水洼之间还有一小段的距离，正好让孩子们一个个跳过去。于是教师灵机一动：何不借着小水洼因势利导，训练孩子的跳跃能力。于是，教师对他们说："孩子们，瞧，这些小水洼挡住了我们的去路，我们该怎么办，快帮老师想想办法。"马上就有一个孩子大声回答："跳过去！"紧接着又有许多孩子纷纷跟着说，还有的说："我能跨过去。"教师故作发愁地说："那怎么跳过去呢？谁愿意来试一试？"然后教师请了一个孩子先来示范跳。只见他两脚并拢，鼓足了劲，一蹦一蹦地连跳过了几个小水洼，其他孩子看他跳着很有趣，都跃跃欲试。在跳之前，教师又说："刚刚这位小朋友跳得真好，他一点儿水也没碰到，如果谁跳到水洼里去了，就是说明他跳不过水洼。你们让老师看看你们的本事吧！"接着，在教师的指导下，孩子们兴趣盎然，四个一排轮流跳过路上的小水洼，他们的脸上都洋溢着胜利和喜悦。

分析：从上述案例来看，教师在教学过程中，抓住了幼儿的兴趣点，再引导他们遵循游戏规则，那么幼儿会更加主动、乐意地去参与教学活动。作为幼儿教师，不仅要有爱心，更要有敏锐的观察力，抓住幼儿的兴趣点，灵活巧妙地帮助幼儿处理在实际生活中遇到的各种难题，这将比教师直接说教、劝阻或者强行干预的效果更佳。

（二）灵活运用多元化教学方法

因为幼儿的年龄特征，教学方法应具有特殊性。互联网时代的到来，给教师的教学带来了机遇与挑战，运用灵活、多元化的教学方法，才能让教学活动更有保障。这要求教师不只要摆脱单一的“一言堂”教学模式，更要求幼儿教师根据幼儿的心理发展特点，选择便于幼儿直接感知和可操作的教学内容，选取符合现代发展趋势的主题，寻求吸引幼儿“探索式、获取新知”的教学方法。这当然不是把教学活动弄得“花里胡哨”就行。在教学过程中，教师可以尽可能多用实物进行展示，让幼儿能看得见、听得到、摸得着，用直观的教学方法让幼儿更容易记住教师所讲的内容，更乐意学习。随着时代的变迁，用来展示教学的多媒体工具已成为当前较为便捷、实用的教学工具，比如，通过多媒体设备可以展现一个人从婴儿到老年人的变化发展，让幼儿观察人类在不同年龄阶段的不同形态、动作特征；在现实生活中会危及生命安全、不适宜幼儿实地感受的火灾、山洪、泥石流等事故、灾害的教学内容，可以借助多媒体设备展示给幼儿，让幼儿知晓，获得更直观、更形象的理解。

（三）注重有效提问技巧的培养

一般而言，在教学过程中，幼儿教师在教授知识时大多时候是依靠言语来完成的。其中，提问是最常见的方式之一。但是，部分幼儿教师对提问的方式处理得不到位，认为提问多就代表互动性强，这显然是不合理的；还有个别幼儿教师认为问一个答一个就是最好的提问方式。其实，有效的提问不是以数量作为唯一的标准，提问实质上是为了激发幼儿的兴趣，挖掘幼儿的潜能，引导幼儿思考问题，提高幼儿吸收知识经验的能力。

有效的提问要着眼于旧知识和新知识的有效衔接，兼顾已有的相关知识经验，使其对教学目标产生作用。然而新知识和已有的知识和经验或多或少存在差异，关键是教师是否能抓住这“差异”的关键点，向幼儿提出问题，让其思考，促使旧知识转换为新知识，让幼儿产生新的认知。例如，在小班“传球游戏”的教学活动中，幼儿教师提出新的传球方式，幼儿看到这种传球方式之后便很兴奋，纷纷表示想学习，随后教师做示范，并请幼儿们依次上前演示，但幼儿们表示太难了，和之前的传球方式不一样。在这样的情况下，幼儿教师若能抓住契机，提出问题：“小朋友们，你们觉得现在的传球方式和以前有什么不一样呢？”这样就能引导幼儿进行思考，激发幼儿探索新事物的兴趣。所以说，有效的提问是在恰当的时间、合适的地点让幼儿思考合理的问题，尤其是在幼儿犯“错误”的地方，也要寻求他们的闪光点，并找到合理的问题解决办法。

任务二

幼儿园教学活动观察的内容与方法

任务目标

1. 了解幼儿园教学活动观察的内容。

2. 掌握幼儿园教学活动观察的方法。

任务准备

1. 物质准备：教学活动视频、教学PPT课件。

2. 经验准备：前期课程中了解到幼儿行为观察的一些概念，到幼儿园去见习、实习，了解幼儿园教学活动的现状。

工作表单

工作表单1

案例分析

小慧在大一班实习，根据幼儿园要求，每位实习老师在实习过程中必须在班级开展教学活动。为此，小慧从进幼儿园实习开始便思考上什么样的课，选用什么样的内容才能符合大班幼儿的年龄特点。在一次阅读活动中，小慧要求幼儿仔细观察和理解阅读材料——图画《月亮的味道》，并请幼儿说一说图上画的什么地方、图上有谁、他们在做什么，小朋友们都很积极，主动举手回答问题。其中，坐在最后一排的一位小朋友思考了两秒钟后，迅速举起小手，但因平时较少举手发言，所以组织这次活动的小慧也没有注意到举手的这位小朋友。

思考：1.教师该怎么样在教学活动中观察幼儿的行为及其表现？
2.不同领域的观察内容一样吗？

工作表单2

思考总结

结合《纲要》中对幼儿发展的要求，总结出幼儿健康教育、语言教育、社会教育、科学教育、艺术教育五大领域中主要涵盖的目标。

领域	涵盖目标
健康教育	
语言教育	
社会教育	
科学教育	
艺术教育	

工作表单3

小组讨论

小组讨论：幼儿园教学活动的观察内容和观察方法有哪些？

观察内容	观察方法

任务分析

本次任务旨在了解幼儿园教学活动观察的内容，掌握幼儿园教学活动观察的方法。

学习支持

在教学活动中，大多数幼儿教师经常思考这样的问题：教学内容是什么？如何教学才能让幼儿学会新知识？要解决这样的问题，可以提升观察能力寻求方法。如春天到了，植物角里的植物开花了，幼儿们聚在一起讨论花朵有哪些颜色。此时，教师可以根据孩子们的关注点，发起一个“五彩缤纷的花朵”主题活动，引导幼儿们通过观察、倾听的方式思考问题，进而更好地了解幼儿的兴趣点、认知水平、意志行为等信息。而从幼儿园的教育活动内容来看，主要涵盖健康、语言、社会、科学和艺术五大领域，五大领域相辅相成、相互促进，但涉及的知识点也有所差异，如在语言活动中，小班、中班、大班不同年龄阶段的幼儿的语言表达能力不同；在社会活动中，幼儿的自我意识、沟通能力呈现差异性；在艺术活动中，幼儿的音乐、绘画表现能力都是不同的；等等。教师可以通过观察的方式了解不一样的信息，若能在教学过程中实施多次观察、记录与分析，对于教师和其教学活动而言无疑是有益的。因此，本任务也从五大领域出发，探索五大领域与观察活动的关系。

一、健康教育活动中的观察

（一）健康教育活动中的观察内容

从《纲要》中对幼儿的发展要求来看，幼儿的健康教育领域主要涉及幼儿身心健康发展，具体涵盖以下目标：

（1）身体健康，在集体生活中情绪安定、愉快；

（2）生活、卫生习惯良好，有基本的生活自理能力；

（3）知道必要的安全保健常识，学习保护自己；

（4）喜欢参加体育活动，动作协调、灵活。

基于上述的目标来分析，幼儿的健康状况可以包括心理健康和生理健康两个方面。具体来看，要实现健康领域的目标主要通过日常生活的积累或将目标要求渗透在幼儿园的教学活动中，只是因不同领域渗透的知识点不一样，有不同的目标。从观察的角度而言，健康教育活动的观察要点主要有以下几点：

（1）在集体生活中情绪是否可以保持积极、稳定、愉快，能否适应集体生活；

（2）无论是在家里还是在幼儿园，是否可以保持良好的卫生习惯，是否具备基本的生活自理能力；

（3）能否知晓必要的安全保健常识，是否具备安全防范意识并能够保护自己；

（4）是否热爱运动，是否喜欢参加体育活动，在活动中能否展现符合该年龄阶段特征的动作协调性和灵活性。

（二）健康教育活动中的观察实例

1.健康领域（区域游戏）“娃娃家”的实况详录

微视频：《“娃娃家”的实况详录》

案例：活动课之后，教师组织小二班的小朋友进行区域活动。等教师说完注意事项，小朋友们都去自己想玩的区域了。在娃娃家，教师看见丽丽小朋友抱起娃娃，她正在专心地喂娃娃吃水果，一边喂还一边说着：“你多吃一点，这样身体才健康。”教师蹲下来问她：“你们在吃水果吗？”她笑着说：“是的，老师。她饿了，我在喂她吃东西。”丽丽喂完之后，教师说：“你们吃完了，可以把她放在小推车里，带着她去散散步噢！”丽丽把娃娃放在小推车里，高兴地带着娃娃去散步了。

分析：幼儿积极地参与活动时，教师为幼儿营造和谐、良好的活动氛围对教学是非常有帮助的。在这个案例中，教师没有给幼儿施加压力，更多的是给予关注、支持和鼓励，通过引导和陪伴的方式让幼儿更好地参与到活动中，让幼儿消除自己的心理顾虑。丽丽也对教师表现出了信任，愿意与教师交流自己的想法，更好地体验活动中的乐趣。教师适当的引导让幼儿感受到了被重视、被肯定，幼儿们的心理需求得以满足，如此一来，师幼关系在一定程度上得到加强。

这是用实况详录法记录下的案例。通过分析这个案例，发现区域活动可以加强幼儿对社会的适应能力，让他们初步学会和他人交流，同时让他们在角色扮演中提高语言表达能力；同时，作为教师，要知道该阶段幼儿的模仿能力很强，所以更要给幼儿提供需要的材料和良好的环境，以促进幼儿发展。

2.幼儿体育活动的行为核对

表4-1　幼儿体育活动观察表

姓名：						年龄：			
情绪状态			行为表现						轶事简述
开心	害怕	畏缩	独立解决问题	会寻求帮助	单独玩	乐意与同伴一起玩	模仿	创新性	

该表适用于对个体或者小组进行观察记录。情绪状态和行为表现两栏可用“是否符合”进行标记，轶事简述一栏可用文字进行简洁描述。另外，表4-1中所填写的观察内容无好坏之分，其目的是更好地了解幼儿的活动状态和运动发展水平，便于有针对性地指导幼儿。

3.行为检核量表

表4-2　幼儿外化问题行为量表[①]

序号	以下是一些对孩子在日常生活中表现的描述，请您根据他/她最近6个月的表现，选择符合其行为的选项	选项		
		不符合	有点符合	非常符合
1	能体谅别人的感受	1	2	3
2	不安定、过分活跃、不能长时间待在一个地方	1	2	3
3	经常抱怨头痛、肚子痛或恶心	1	2	3
4	很乐意与别的小孩分享东西（糖果、玩具、笔等）	1	2	3
5	经常发脾气，易怒	1	2	3
6	大部分时间都是自己玩	1	2	3

①此表内容主要来自美国心理学家编制的“长处与困难问卷（SDQ）父母版”。

续表

序号	以下是一些对孩子在日常生活中表现的描述，请您根据他/她最近6个月的表现，选择符合其行为的选项	选项		
		不符合	有点符合	非常符合
7	一般来说比较顺从，通常成年人要求做的事情都肯做	1	2	3
8	有很多担忧，经常表现出忧虑的情绪	1	2	3
9	如果看到别人受伤、沮丧或是生病，很乐意提供帮助	1	2	3
10	当坐着时，会持续不断地摆弄手脚或扭动身子	1	2	3
11	至少有一个好朋友	1	2	3
12	经常与别的小孩吵架或欺负他们	1	2	3
13	经常不高兴、情绪低落或哭泣	1	2	3
14	一般来说，会被别的小孩喜欢	1	2	3
15	容易分心，做事情不能全神贯注	1	2	3
16	在新的环境中，会紧张或爱黏人，容易失去信心	1	2	3
17	对年纪更小的小孩和善	1	2	3
18	经常撒谎或欺骗别人	1	2	3
19	被别的小孩作弄或欺负	1	2	3
20	经常自愿地帮助别人（父母、老师或其他小孩）	1	2	3
21	做事前会思考	1	2	3
22	从家里、学校或其他地方偷东西	1	2	3
23	跟成年人相处比跟小孩相处更融洽	1	2	3
24	对很多事物感到害怕，容易受到惊吓	1	2	3
25	做事情能坚持到底，注意力持久	1	2	3

建议：该量表由父母或者监护人填写。

二、语言教育活动中的观察

（一）语言教育活动中的观察内容

语言是个体成长过程中重要的交际工具。已有的研究成果和教育实践都证明了幼儿语言的发展依托于接触的语言环境，幼儿的语言能力在认识世界、社会实践和日常生活的过程中不断得到发展。这表明语言有关键期，一旦错失良机，就很难再去修补。也就是说，幼儿园的语言教育对于语言运用能力培养是十分重要的，幼儿教师需要在教学活动中引导幼儿多听、多学、多说、多交流，为幼儿提升运用语言能力打好基础。根据《纲要》中关于语言领域的要求，其目标主要涉及以下几个方面：

（1）乐意与人交谈，讲话礼貌；

（2）注意倾听对方讲话，能理解日常用语；

（3）能清楚地说出自己想说的事；

（4）喜欢听故事、看图书；

（5）能听懂和会说普通话。

从以上的目标来看，若要掌握幼儿语言发展的水平状况，考查幼儿语言发展能力，让幼儿克服语言发展中的障碍，可以创设幼儿语言教学活动和语言环境。然而，从观察的角度来看，可以根据研究目的来确定观察内容。观察幼儿的语言技能，如听和说，并记录发音、词汇、语法、语用等情况。需要注意的是这些内容的记录可能在各种形式的语言活动中有所调整。具体而言，在文学活动中，可以观察幼儿理解和欣赏作品的能力；在讲故事活动中，观察幼儿语言表达能力；在听说游戏中，主要观察幼儿对发音和词汇的掌握情况；在谈话活动中，观察幼儿听力和表达能力的发展水平；在早期阅读活动中，观察幼儿的看图识别能力和语言理解能力等。换言之，从观察的角度而言，语言教育活动的观察要点主要是以下几点：

（1）是否有良好的倾听能力；能否在教学活动中与教师和同伴互动、交流，乐意参与语言活动，并能大胆表达自己的观点；能否与他人交流时使用礼貌用语；

（2）在教学活动中能否理解教师表达的含义，在日常生活中能否理解日常用语；

（3）能否清楚地表达自己的意图，是否能把想说的事表达清楚；

（4）是否喜欢听故事、看图书，是否对幼儿文学感兴趣，是否理解作品内容的含义，是否能感受到语言的魅力；

（5）普通话水平如何，是否能听懂普通话，吐字是否清晰，发音是否标准。

（二）语言教育活动中的观察评估①

观察目的：了解当前幼儿在图画书阅读过程中的语言能力发展情况。再通过研究者在幼儿园中对幼儿图画书阅读的情况进行观察，分析幼儿语言能力发展的特点以及了解图画书阅读与提高幼儿语言能力的关系，然后总结图画书阅读中对于幼儿

① 崔莹．图画书阅读与小班幼儿语言能力发展研究——基于关键经验视角[D]．大连：辽宁师范大学，2020.

语言能力提升的关键经验，对二者进行比较分析，从而探讨关键经验对幼儿语言发展的影响，观察评估项目与要点如表4–3所示。

表4–3 小班幼儿图画书阅读过程中的语言能力发展观察评估表

评估项目	评估要点	评价水平		
		★★★	★★	★
倾听与口语表达能力	能够集中注意力听别人讲故事并在听故事后能清楚表达	1.听完故事后能够复述故事情节 2.能够联想和故事相关的内容并表达 3.能够非常清楚地回答故事中的问题	1.基本能够听完故事，基本能够描述和表达故事情节 2.基本能够联想和故事相关的内容并表达	不能够完整听完一个故事，一般不能够描述和表达故事情节
理解能力	具有初步理解能力	1.能基本说出故事的主要内容。 2.能根据图画书画面中的信息，大致说出内容的含义 3.能随着故事的发展产生喜悦、担忧等相应的情绪反应，体会到故事所表达的情绪情感	1.一般能够说出故事情节 2.部分幼儿随着故事情节产生情绪反应	故事情节表述不清，没有情绪反应
欣赏幼儿文学作品能力	能对图画书中出现的图片进行欣赏和比对	1.能够有兴趣欣赏文学作品 2.阅读图画书时能够清楚表达图片中出现的内容并抒发情感 3.能够用清晰简单的方式表达自己的审美倾向	1.基本上有兴趣欣赏幼儿文学作品 2.一般不能清楚表达图片上出现的内容也不能抒发情感	没有兴趣欣赏幼儿文学作品
阅读与书写能力	喜欢听或看图画书上的故事并通过画画形式表达	1.十分愿意看喜欢的图画书。 2.喜欢把听过的故事或看过的图画书讲给别人听 3.能想象出画面上没有的情节、对话和内心活动	1.喜欢看图画书，能看懂主要情节并讲述 2.能够把部分看过的书讲给别人听，但想象力一般	喜欢看图画书，但难以讲出主要情节
	具有书面表达的意愿和初步技能	1.愿意用图画和符号表达自己的愿望和想法 2.词汇丰富，能够有主题、有层次地讲述故事，会讨论问题和讲道理	能够有层次地讲述故事，但不会讨论其中的情节	不愿意表达愿望和想法，或表达十分混乱
	具有阅读兴趣和良好的阅读习惯	1.能一页一页有序翻阅 2.认真专注，能随着故事情节发展产生情绪的变化 3.能主动与成人交流自己的发现，分享自己喜欢的画面或是故事内容	1.基本能够一页一页地有序翻阅 2.基本能够专注读故事，与成人分享故事内容	不能专注读故事，不愿与成人分享故事

(三)语言教育活动中的观察范例①

(1)记录1:

时间:2012年10月13日

地点:教室

观察领域:语言教学活动

语言活动课上老师正在讲故事,小朋友们看着精彩的图片认真地听故事,滔滔拽着衣服上的带子在两只手指上绕来绕去,过了一会儿又趴在桌子上,桌上好像有个小洞洞,抠个不停。老师悄悄地提醒她认真听故事。她停下来了。过了一会儿她又开始玩衣服上的带子……

(2)记录2:

时间:2012年10月14日

地点:教室

观察领域:语言教学活动

幼儿园老师生动地为幼儿讲述故事《小鸭子找朋友》。虽然已经是第二次听这个故事了,小朋友们还是认真地听老师讲述,并时不时地配合老师做动作。"嘎嘎嘎",泽泽模仿着鸭子的叫声,并学鸭子做摇晃的动作。邻座的滔滔看着他,脸上露着笑意。虽然老师示意其他小朋友们可以模仿泽泽,但是滔滔坐着并没有动,始终没有加入动作或语言的模仿活动。随着教学活动进入高潮。教室有点嘈杂,小朋友们的欢笑声盖过了老师的声音,老师示意大家安静,并说安静的小朋友可以上前表演游戏。许多小朋友都积极举手,一直坐着没有动的滔滔也怯怯地举起了手,但是老师并没有注意到她。接下来的活动中,滔滔一直坐在位置上,没有过多参与活动。在整个教学活动中,老师共提两个问题,第一个问题"小鸭找了哪几位好朋友?"第二个问题"最后小鸭和谁在河里游泳?"对于老师的提问,大多数幼儿都能够回答出来。这次提问,老师也没有关注到滔滔。但有一个小朋友注意到滔滔嘴里在嘀咕,小朋友问她:"滔滔,最后小鸭和谁一起在河里游泳啊?"滔滔只扮了个鬼脸回应,整个活动过程中,滔滔举手一次,说了一句话。

(3)记录3:

时间:2012年10月17日

地点:教室

① 熊伟.小班幼儿语言能力培养的个案研究[D].武汉:华中师范大学,2013.

观察领域:语言教学活动

今天老师准备了一个小故事,故事的名字叫“咪咪赛跑”。小花猫咪咪参加运动会,它看见猴子和兔子都跑在它前面,就拼命地追呀追。小狗汪汪也为它呐喊助威:“加油、加油!”最后,小花猫咪咪终于追上了猴子和兔子,跑在了最前面!老师总共提了4个问题,分别为:①小花猫去参加什么?②小花猫在比赛时是跑在猴子和兔子的前面还是后面?③谁为小花猫加油鼓劲了?④最后,小花猫怎么样了?评价的标准是:问题回答正确,复述连贯、清晰。对于老师的提问,幼儿都积极地回答。粗略统计有一半的幼儿能够回答老师的提问。对于老师的4个提问,滔滔看着泽泽举手,也跟着举手,老师问滔滔:“谁为小花猫加油鼓劲了?”

滔滔摇摇头,表示不知道。在老师的提示下,滔滔回答说是小狗,老师表扬滔滔回答正确,滔滔满脸笑容,很开心地坐下了。

总结:在幼儿不同的年龄阶段,对于他们的倾听能力培养的具体目标是有差异的。小班幼儿主要以培养其有意识倾听为主,中班幼儿主要是以辨析性倾听为主,大班幼儿则主要是以理解性倾听为主。

从上述事例可以看出,该班的老师通过讲述简短的故事,有意识地训练幼儿的倾听能力。在老师讲故事的过程中,幼儿滔滔的注意力不集中,在听的过程中有时会做小动作、东张西望,对于老师的提问,也不能做出很好的回答。

(四)幼儿语言表达能力检核

表4-4 幼儿语言表达能力检核表[1]

观察内容	姓名				
会主动与人打招呼					
会做简单的自我介绍					
能口齿清晰地背诵儿歌					
会进行简单的数数					
能完整地讲述一个简单的故事					

① 孙诚.幼儿行为观察与指导(第2版)[M].长春:东北师范大学出版社,2019.

续表

观察内容	姓名				
能独立唱完一首歌					
能表达身体的感受					
能踊跃、愉快地发表意见					
能讲述自己的经历					
能说出周围常见物品的名称					

备注：根据幼儿的表现画上——☆（表现优异）；○（表现良好）；□（表现一般）；▲（需要加油）。

三、社会教育活动中的观察

（一）社会教育活动中的观察内容

社会领域的教育主要关注个体成长过程中的社会性发展状况，提升社会认知水平，体验社会情绪情感，加强社会性行为的引导。《纲要》中具体涵盖以下目标：

（1）能主动地参与各项活动，有自信心；

（2）乐意与人交往，学习互助、合作和分享，有同情心；

（3）理解并遵守日常生活中基本的社会行为规则；

（4）能努力做好力所能及的事，不怕困难，有初步的责任感；

（5）爱父母长辈、老师和同伴，爱集体、爱家乡、爱祖国。

结合以上目标，对于社会领域的观察内容可以从社会关系和个性心理方面进行探究。

(二)社会教育活动中的观察实例

1.幼儿区角活动等级评定

表4-5 幼儿区角活动评定表①

日期:		幼儿姓名:				观察地点:
班级:		幼儿年龄:	性别:			观察教师:
序号	项目	选项				
		经常	偶尔	很少	从未	
1	独立完成一项活动					
2	主动选择活动					
3	主动收拾玩具					
4	分享活动时能主动提出自己的看法					
5	喜欢逗留在该区达10分钟以上					
6	用已有的认知思考、解决问题					
7	活动时不受环境影响					
8	能与同伴交谈					
9	能与同伴合作完成一件工作					
10	遵守集体游戏规则					
11	会轮流使用活动材料					
12	会利用不同的材料做整体的造型					
13	能简述其作品的意义					
14	能提出解决问题的方法					
15	能提供不同的答案					

注:在“选项”中标记“√”对应的答案,答案无对错之分。

① 施燕,韩春红.学前儿童行为观察(第2版)[M].上海:华东师范大学出版社,2020.

表4-6 幼儿区角活动评定表(个人汇总表)

日期:	幼儿姓名:		观察地点:
班级:	幼儿年龄:	性别:	观察教师:
自主性:项目1、2、3、4			
注意力:项目5、6、7			
合作性:项目8、9、10、11			
创造力:项目12、13、14、15			

2.社会行为观察

表4-7 社会行为观察记录表

日期:2023年11月12日		幼儿姓名:凯凯	观察地点:娃娃家
班级:小二班		幼儿年龄:3岁	观察教师:张老师
观察实录	在娃娃家,教师看见凯凯和其他两个小朋友在娃娃家里,正在专心地操作着各种食物材料,还一边说着:"我要开始做披萨了,你要吃什么口味的?"洋洋说:"我要水果味的。"说完,凯凯炒好了,瑶瑶小朋友把盘子递过去,装好披萨,拿给洋洋小朋友品尝,洋洋一边吃,一边说"哇,好好吃呀!你们要不要一起吃",然后他们开心地吃披萨了。		
分析	从社会领域的角度分析,社会行为主要涉及人际交往和社会适应两大方面。从发展情况进行的角度看,需要促进幼儿动手能力和人际交往能力的发展,以及体验模仿游戏带来的快乐。同时,该阶段孩子的模仿能力很强,教师要及时给幼儿提供材料和创设良好的环境,促进幼儿发展。		

3.幼儿社会性游戏行为观察

表4-8 幼儿社会性游戏行为检核表

姓名:莱莱	性别:男	日期:2023年5月16日		
班级:大二班	年龄:5岁8个月	观察教师:王老师	编号:18号	
项目			是	否
手足概况	兄		√	
	弟			√
	姐			√
	妹			√

续表

主要照顾者	父	√	
	母	√	
	(外)祖父母		√
	保姆或其他		√
1.是否愿意看别人玩游戏			√
2.是否用自己的玩具或材料独自玩游戏			√
3.是否用和他人相似的玩具或材料进行平行游戏			√
4.是否在小组游戏中与其他幼儿玩耍		√	
5.是否能够与其他幼儿交朋友		√	
6.是否能用积极的方式参与到正在进行的游戏中		√	
积极参与到正在进行游戏的方式	(1)观察小组游戏,了解他们在玩什么	√	
	(2)选择一个与小组游戏相同的内容		√
	(3)为游戏的进行做些事情	√	
	(4)表现出对游戏很感兴趣,在周围走动	√	
	(5)询问是否可以参加游戏	√	
7.是否能够用积极的方式在游戏中扮演自己的角色		√	
积极扮演角色的方式	(1)保持和他人的交谈	√	
	(2)在说话时保持眼神接触	√	
	(3)在听他人说话时,能专注看着对方	√	
	(4)为了让他人理解,能调整谈话内容		√
8.是否能用积极的方式解决游戏过程中出现的冲突		√	
积极解决冲突的方式	(1)忽视		√
	(2)转移注意		√
	(3)说理		√
	(4)协商	√	
	(5)合作	√	
	(6)让步	√	

分析:在社会性游戏方面,莱莱没有停留在旁观、独自游戏和平行游戏的阶段,他已经能很好地参与其他幼儿小组游戏活动,与同伴进行合作游戏。为了参与到正在进行的游戏中,莱莱会首先观察小组游戏,了解他们在做什么,然后在周围走动,当小组幼儿需要帮助的时候,莱莱会主动伸出援手。比如,他会帮助在积木区搭建城堡的

幼儿寻找合适的积木。在询问能否加入游戏并得到允许之后，莱莱会迅速地投入小组游戏中，保持与其他幼儿的交谈，并且努力让别人听懂自己的话。当小组游戏出现冲突时，莱莱会采用协商、合作和让步的方式来解决冲突。综上，与其他幼儿相比，莱莱的社会性游戏水平较高。

四、科学教育活动中的观察

（一）科学教育活动中的观察内容

科学领域的教育主要关注幼儿如何探索自然界，挖掘科学教育的价值。关于科学领域，《纲要》中提到以下几个目标：

（1）对周围的事物、现象感兴趣，有好奇心和求知欲；

（2）能运用各种感官，动手动脑，探究问题；

（3）能用适当的方式表达、交流探索的过程和结果；

（4）能从生活和游戏中感受事物的数量关系并体验到数学的重要和有趣；

（5）爱护动植物，关心周围环境，亲近大自然，珍惜自然资源，有初步的环保意识。

从以上的目标来看，教师不仅要注重静态科学知识的学习，更要紧跟时代关注对幼儿动态科学能力的培养，进而促进幼儿的和谐发展。从观察的角度分析，观察者可以参考这样的目标进行观察，具体如下：

（1）观察幼儿是否对周围的事物、现象感兴趣，好奇心和求知欲怎么样；

（2）观察幼儿能否运用各种感官来感知事物、探究科学，动手动脑的能力如何；

（3）观察幼儿能否在该年龄阶段用适当的方式表达、交流探索的过程和结果；

（4）观察幼儿能否从生活和游戏中感受事物的数量关系并体验到数学的重要和有趣；

（5）观察幼儿是否爱护动植物，是否关心周围环境，是否亲近大自然，是否珍惜自然资源，是否有初步的环保意识。

（二）科学教育活动中的观察评估

1.科学学习等级评定

表 4-9　幼儿科学学习记录表[1]

出生日期：	幼儿姓名：	班级：
活动开始日期：	活动结束日期：	
科学探究技能	幼儿的发展	例证
参与、注意、好奇、提问	偶尔□　有时□　一贯□	
开始探究、调查	偶尔□　有时□　一贯□	
收集数据	偶尔□　有时□　一贯□	
记录和创作	偶尔□　有时□　一贯□	
反思经验	偶尔□　有时□　一贯□	
用语言交流感受	偶尔□　有时□　一贯□	
和小组分享、讨论以及反思	偶尔□　有时□　一贯□	

2.科学学习等级核对

表 4-10　幼儿科学探究能力核对表[2]

出生日期：	姓名：	观察时间：
观察者：	观察者角色：	观察地点：

观察内容	表现	
	能	不能
对一些生活中的自然物体与现象感兴趣，常问相关问题		
能运用各种感官感知自然物体的主要特征		
能尝试对自然界物体分类		
喜欢探索各种材料		
会观察植物，了解其变化发展情况，并用图像做记录		
能照顾自然角内的动植物		
喜欢、专注小实验并尝试解决问题		
有观察天气情况的习惯，会做气象记录		
能对一些事物长时间持续地进行观察、探究		
会用语言的方式，与同伴交流观察、实验的印象		

① 孙诚.幼儿行为观察与指导（第2版）[M].长春：东北师范大学出版社，2019.
② 施燕，韩春红.学前儿童行为观察（第2版）[M].上海：华东师范大学出版社，2020.

（三）科学探索活动轶事记录

教师对幼儿的探索活动，有几个困惑的问题：(1)幼儿的探索仅仅表现在主题活动中吗？(2)幼儿探索的天性“呼唤”教师做什么？(3)如何把幼儿探索的天性变成他们性格中的一部分？基于这些问题，教师进行了观察，以下是一名教师的观察记录及其观察后的思考：

记录一：

四岁的小金正在活动室的一角玩沉浮游戏。只见她把一个小盒放在水中，当小盒浮在水面上时，她就往小盒里装水，小盒慢慢地往下沉，最终沉到了水底。然后她又把小盒内的水倒出，使小盒重新浮在了水面上，接着她又拿了一个玻璃小球放在小盒内，观察它的变化。

记录二：

小金在妈妈的朋友家玩磁铁飞镖。在玩的过程中，她无意间把两个飞镖的顶端（飞镖的头）碰在一起，结果发现两个飞镖的头总是碰不到一起（互相排斥）。接着她将所有的飞镖头碰在一起，想看看会发生什么情况。然后，她又分别将飞镖放在靶子的正面和反面，看看会有什么不同的情况发生。

记录三：

小金每天去幼儿园都要经过一个小区，小区内停着许多小车。不知从什么时候开始，汽车轮子中轴的不同花纹吸引了她。每天，她都把自己的发现告诉妈妈，后来她还把不同的中轴花纹画下来。一开始，她是看到一个不同的就画下来，过了一段日子，她开始根据车辆品牌的不同进行分类后再画。

思考：

好奇、好摆弄是幼儿的天性，这种天性无处不在、无时不有。从上述三个片段记录中不难看出，小金对事物的好奇探索存在于任何时候、任何场合，在教师创设的环境中会有探索行为产生，在做客时会有探索行为产生，甚至在去幼儿园的路上也会有探索行为产生。因为探索是人类认识世界的基本方式，人类正是在对未知世界的探索中获得发展的。对于幼儿而言，探索就是玩，而玩是幼儿的天性。幼儿认识事物大多依赖直接经验，通过摸、看、闻、尝、听、抓、举等行为进行探究，通过摆弄实物来发现问题，并根据已有经验，进行初步的逻辑推理，来假设可能的情况、可能的结果和将要发生的事情。

幼儿的认识能力就是在不断的尝试中得到发展的。所以我们经常会看到幼儿不断地摆弄物体，并提出问题，继而进行下一步的探索。既然探索是幼儿的天性，那么这一天性“呼唤”教师做些什么呢？首先，教师要创设情境，尤其是一种带有问题的情境，让幼儿在活动中提出问题继而进行探索和想办法解决问题，从而让他们的这种天性得以充分发挥和张扬。其次，教师在日常的教学过程中要善于捕捉幼儿无意识的探索行为，并帮助他们将这些无意识的探索行为变为有意识的探索活动。最后，在探索活动中，教师还应该对幼儿进行鼓励，耐心地倾听他们自己对探索活动的介绍，并积极地参与到幼儿的探索活动中，总之，教师要尽可能地让幼儿保持这种好奇、探索的天性，并使之成为一种稳定的心理品质。

需要进一步思考的问题：(1)如何判断哪些行为是幼儿的探索行为？(2)教师如何参与幼儿的探索活动，才能对幼儿的探索行为起保护作用？

五、艺术教育活动中的观察

(一)艺术教育活动中的观察内容

艺术领域的教育主要关注幼儿如何感知美、发现美和表现美，核心内容是音乐和美术两个部分。《纲要》中提到幼儿达到以下几个目标：

(1)能初步感受并喜爱环境、生活和艺术中的美；

(2)喜欢参加艺术活动，并能大胆地表现自己的情感和体验；

(3)能用自己喜欢的方式进行艺术表现活动。

从以上目标来看，艺术领域的教育要找准幼儿的艺术发展水平，使其体验生活、艺术中的美，更好地促进幼儿情感、知识、技能等全面和谐发展。结合观察的角度，艺术教育的观察要点可参考以下几点：

(1)观察幼儿是否有探究生活、艺术美的能力，能否感知艺术的丰富和优美，喜爱美的事物的程度如何；

(2)观察幼儿是否喜欢参加艺术活动，并愿意在集体面前大胆地表现自己的情感，以及表达自己的体验；

(3)观察幼儿是否能用自己擅长、喜欢的方式进行艺术表现活动。

（二）艺术教育活动中的观察实例

1.幼儿园教师音乐活动中指导行为的观察

表 4-11　幼儿园教师音乐活动中指导行为的观察记录表[1]

出生日期：		观察对象：		观察时间：
观察者：		活动参与人数：		观察地点：
指导行为	指导内容	导入部分	基本部分	结束部分
语言指导	询问			
	建议			
	鼓励			
	告知			
	纠错			
	指令			
动作指导	启发引导			
	示范			
	指令			
语言与动作相结合的指导	启发引导			
	示范			
	鼓励			
	纠错			

对观察记录表的说明：

(1)语言指导分为六种情况：询问、建议、鼓励、告知、纠错、指令。

①询问是指教师以向幼儿提问的形式启发幼儿思考，教师耐心询问幼儿的活动意愿，并且在合理范围内充分尊重幼儿的意愿。

① 孙信笕.幼儿音乐教育活动中的教师指导行为特点研究[D].大连：辽宁师范大学，2018.

②建议是指教师对幼儿的活动提出建议，提出的建议有明确的方向性，并且符合实际情况，易被幼儿所接受。

③鼓励是指教师在活动中要经常鼓励幼儿，语言积极向上，鼓励学生的创造性发挥，提升幼儿的自主性和创造性，对幼儿的表现做出肯定的评价。

④告知是指教师以陈述的语气向幼儿传递相关信息，教师用清晰易懂的语言告知幼儿如何进行音乐活动，语言生动形象，表述清晰。

⑤纠错是指教师对幼儿的错误进行语言上的纠正。如幼儿在歌曲学习时，将歌词唱错，教师重念歌词进行纠错。

⑥指令是指教师对幼儿提出要求，语言带有强制性意味。

（2）动作指导分为三种情况：启发引导、示范、指令。

①启发引导是指在音乐活动的导入部分或当幼儿在活动中遇到困难时，教师运用动作进行帮助和提示引导的行为。如幼儿在歌曲学习时忘记歌词，教师利用动作扮演进行启发。

②示范是指在音乐教育活动中教师为幼儿提供动作示范，幼儿进行模仿学习。

③指令是指教师在活动中通过动作对幼儿进行提示或指示，在指导过程中带有强制性意义。例如，教师用食指抵住嘴唇，示意幼儿立即安静下来。

（3）语言与动作相结合的教师指导行为分为四种情况：启发引导、示范、鼓励、纠错。

①启发引导是指教师采用语言与动作相结合的方式启发引导幼儿进行音乐活动，教师与幼儿共同参与。

②示范是指教师在做动作供幼儿学习模仿的同时用语言进行讲解。例如，教师一边为幼儿做动作的示范，一边为幼儿讲解动作的要求和要领。

③鼓励是指教师采用语言与动作相结合的方式鼓励幼儿进行音乐活动，语言积极向上，对幼儿的表现给予肯定的评价。

④纠错是指教师采用语言与动作相结合的方式纠正幼儿在音乐活动中的错误。

2. 幼儿美术能力观察检核

表 4-12　美术活动中幼儿学习情况记录表[1]

观察者：		观察对象：	观察时间：
年龄：		性别：	观察地点：
序号	项目	是	否
1	能涂鸦出一些基本的形状		
2	能在一张图画中画出物体的组合		
3	能自主选择喜欢的绘画工具		
4	能专注地完成绘画任务		
5	能自主选择喜欢的颜色给作品上色		
……			

说明：请观察幼儿是否表现出各项描述行为，并在相应的“是”“否”栏内勾选。

项目小结

一、幼儿园教学活动观察的概念

幼儿园教学活动是指教师有目的、有计划、有组织地对幼儿实施教育影响的过程，也是指幼儿教师有目的、有计划、有组织地引导幼儿获得有益学习经验的过程。在教学活动中，其活动内容具有针对性、适宜性，使得幼儿在教师的教育引导下习得新知识，在集体活动中学会沟通交流、互动合作，有效促进幼儿身心全面、和谐发展，进而培养幼儿的综合能力。

教学活动观察是指研究者在教学活动中对教育对象、教育者以及一切教育教学行为的观察。

二、幼儿园教学活动观察的意义

提升教师科学的教育理念、深剖幼儿发展的途径和促进教师的专业发展。

① 孙诚. 幼儿行为观察与指导(第2版)[M]. 长春：东北师范大学出版社，2019.

三、幼儿园教学活动观察的要点

1. 观察对象的选择：个体活动、小组活动和集体活动。

2. 观察角度的选择：幼儿的兴趣爱好、认知水平、情绪体验、社会性发展、行为类型、意志、需求。

四、幼儿园教学活动观察的引导策略

1. 抓住幼儿浓厚的兴趣点。

2. 灵活运用多元化教学方法。

3. 注重有效提问技巧的培养。

从健康、语言、科学、社会、艺术这五大领域的教学活动中提炼出观察与分析的要点，进而设计不同领域活动的观察与分析的实施方案。

直通赛证

一、选择题

1. 幼儿园促进幼儿社会性发展的主要途径是（　　）。

A. 人际交往

B. 操作练习

C. 教师讲解

D. 集体教学

2.《幼儿园教育指导纲要（试行）》中的教育目标较多使用“体验”“感受”“喜欢”“乐意”等词汇，这表明幼儿园教育强调（　　）。

A. 知识取向

B. 情感态度取向

C. 能力取向

D. 技能取向

3. 科学活动中，教师观察到某幼儿能用数字、图表来记录和整理自己观察到的现象，该幼儿最可能的年龄是（　　）。

A.6岁左右

B.5岁左右

C.4岁左右

D.3岁左右

3.下列不宜作为幼儿科学领域学习方式的是(　　)。

A.直接感知

B.实际操作

C.亲身体验

D.概念解释

4.幼儿园健康教育的主要目的是(　　)。

A.促进幼儿身心健康

B.提高动作技能

C.增强幼儿体质

D.丰富健康知识

5.《3—6岁儿童学习与发展指南》中五大领域目标及其各年龄段的典型表现的主要作用是帮助老师(　　)。

A.评价目标的达成度

B.掌握训练标准

C.了解发展规律,建立合理期望

D.分领域落实教育目标

二、简答题

简述《幼儿园教育指导纲要(试行)》中语言教育的指导要点。

三、论述题

1.论述如何在一日生活中实现社会领域的教育目标。

2.《纲要》里面提出了五大领域,有人说是五大学科,这个说法错在哪里。

四、材料分析题

教师为了帮助大班幼儿了解春天的季节特征,同时在其中渗透数学教育,专门制作了一套“春天”的拼图,拼图底板是若干道10以内计算题, 每一小块图形的正面是春天景色的一部分，背面是计算题的得数。教师希望幼儿根据计算题与得数的匹配找到拼图的相应位置。然而，材料投放后，教师却发现许多幼儿不用做计算题就能轻松完成拼图，也未对图片中的季节特征产生观察与探究的兴趣。

问题：

（1）请从幼儿获得科学经验的角度，分析这一拼图材料的投放对达成教学目标是否适宜？为什么？

（2）该材料在设计上存在什么问题？请提出改进建议。

实践实训

结合见习、实习的机会，观摩一次语言教育活动。每位同学在教学前随机选择3名幼儿作为观察对象，结合表4-3“小班幼儿图画书阅读过程中的语言能力发展观察评估表”对3名幼儿进行观察，同时做好记录，比较3名幼儿在活动中表现出来的行为差异，并分析其形成的原因。

项目评价

主题	内容	优秀	良好	一般	较差	很差
学习态度	能准时参加全部课程，按时提交作业，及时查阅教师上传的学习材料	5	4	3	2	1
专业知识	了解幼儿园教学活动观察的意义，掌握幼儿园教学活动观察要点和观察指导策略，掌握幼儿园教学活动观察的内容与方法	5	4	3	2	1
研讨精神	积极参与讨论，对其他人的发言能提出合理的分析和见解	5	4	3	2	1

续表

主题	内容	优秀	良好	一般	较差	很差
团队协作	能很好地融入课堂小组讨论,与小组成员共同推进学习进程	5	4	3	2	1
沟通交流	能够清晰准确地表达自己的观点,与他人交流时态度、语气恰当	5	4	3	2	1
人文素养	树立幼儿行为观察与记录的正确观念,具有良好职业道德和教育观念	5	4	3	2	1
信息素养	会检索相关的文献资料,主动学习	5	4	3	2	1
实践应用	能根据幼儿园教学活动的观察要点进行观察,掌握常见的教学活动观察内容与方法;观察、记录幼儿的行为,并分析其形成的原因	5	4	3	2	1
自我小结						

推荐阅读

[1]吴志勤,王文乔.幼儿园教育活动设计与组织[M].重庆:西南师范大学出版社[①],2019.

[2]王文乔,胡静峰.幼儿园教育活动设计与指导[M].长春:东北师范大学出版社,2017.

① 2021年9月,西南师范大学出版社已更名为西南大学出版社。

项目五

幼儿园游戏活动中的观察与引导

学习目标

知识目标

了解幼儿园游戏活动的观察要点。

技能目标

掌握并学会使用几种典型观察方法，通过对幼儿园游戏观察案例的分析，形成初步的观察、分析与评价幼儿游戏的能力。

素质目标

喜欢与幼儿一起参与游戏活动，能感受到观察幼儿园游戏活动带来的乐趣。能够具有良好的自我反思能力，发展正面积极的情感，树立正确的幼儿观，有理想信念和道德情操，能树立幼儿行为观察与记录的正确观念。

学习重难点

学习重点

1. 了解幼儿园游戏活动的观察要点。

2. 掌握幼儿园游戏活动的观察方法。

3. 学会设计不同游戏活动的观察与分析方案。

学习难点

分析幼儿园游戏活动观察的内容与方法并在实际中加以运用。

思维导图

- 幼儿园游戏活动中的观察与引导
  - 幼儿游戏活动观察与引导要点
    - 幼儿园游戏活动的主要类型
    - 幼儿园游戏活动的意义
    - 幼儿园游戏活动的观察要点
    - 幼儿园游戏活动观察的引导策略
  - 常见的游戏观察方法和实例
    - 轶事叙述法
    - 行为检核法
    - 时间取样法
    - 事件取样法
    - 等级评定法

任务一

幼儿游戏活动观察与引导要点

任务目标

1. 了解幼儿园游戏活动的主要类型。

2. 掌握幼儿园游戏活动的观察要点和引导策略。

任务准备

1. 物质准备：教学活动视频、教学PPT课件。

2. 经验准备：在前期课程中了解到一些游戏活动类型，到幼儿园去见习、实习，了解幼儿园游戏活动的现状。

工作表单

工作表单1

案例分析

集体活动课程结束后，中三班的丽丽、明明和琪琪三人来到角色区玩起了“娃娃家”的游戏。丽丽说她今天要扮演“妈妈”。明明说他今天扮演“爸爸”。琪琪听了丽丽和明明的决定之后说：“我是女孩儿，扮演娃娃比较合适。”玩了20分钟的游戏后，“妈妈”用手摸了一下“娃娃”的额头说：“这额头热乎乎的，孩子发烧了。”明明说：“那就给医院打求助电话。”就在这时，丽丽和明明几乎同时拿起了“电话”，都想给医院打个电话。丽丽说：“我是妈妈，平时都是我照顾宝宝，我清楚宝宝的情况，我打电话。”明明急了：“你做了很多事，让我来打电话。”丽丽、明明他俩拿着“电话”，谁也不肯放开手，最后，明明力气大些，把“电话”夺了过来。丽丽便大声哭了起来，跑到老师面前说：“老师，明明……明明……抢我电话！”

思考：1. 教师在幼儿园游戏活动中如何提升自己的观察能力？
2. 你认真思考分析过幼儿在游戏活动中的行为表现吗？
3. 幼儿教师在游戏活动观察中需要运用什么样的引导策略？

工作表单2

思考总结

思考并讨论幼儿园游戏活动的主要类型有哪些，并归纳出划分标准。

幼儿园游戏活动的主要类型	划分标准

工作表单3

小组讨论

小组讨论:幼儿园游戏活动的观察要点有哪些?它们之间的联系与区别有哪些?

观察要点	联系与区别

任务分析

本次任务旨在了解幼儿园游戏活动观察的主要类型,掌握幼儿园游戏活动的观察要点。

学习支持

一、幼儿园游戏活动的主要类型

《指南》中明确指出幼儿的学习是以直接经验为基础，在游戏和日常生活中进行的。要珍视游戏和生活的独特价值，创设丰富的教育环境，合理安排一日生活，最大限度地支持和满足幼儿通过直接感知、实际操作和亲身体验获取经验的需要。这要求教师遵循幼儿学习的规律和心理发展特点，尊重幼儿的学习方法，创设一个充满理解与启发、轻松安全、能够积极互动的平台与环境，引导幼儿乐于参与游戏、亲自动手体验、沟通合作，探索游戏的奥秘。

然后，幼儿游戏是多种多样的，按照不同的标准或参考对象，那么游戏的类型也会有所差异。如帕顿依据幼儿社会性行为将游戏分为单独游戏、平行游戏、联合游戏和合作游戏；按照幼儿在游戏中的体验可将游戏分为想象游戏、机能游戏、制作游戏以及接受性游戏；依据《纲要》，从教育目的和作用角度可将游戏分为结构游戏、智力游戏、角色游戏、体育游戏等。从以上的分类来看，从不同角度进行分类和梳理，能得到符合不同年龄段的游戏，让幼儿在成长的不同时间段都能得到锻炼和发展，享受游戏的乐趣。这有助于我们把握游戏的本质特征，更有针对性地为幼儿的发展奠定基础。

二、幼儿园游戏活动的意义

接下来，我们简单阐述一下几种游戏对幼儿发展的意义。具体来看，如“踢足球”“打篮球”“老鹰捉小鸡”“跳房子”“抬轿子”“石头剪刀布”“丢手绢”“跳皮筋”“跳沙包”“踢毽子”等体育游戏可以发展幼儿的走、跑、跳、钻、爬、投掷、攀登等基本动作能力，使幼儿的平衡能力、动作灵活性和手眼协调能力等得到锻炼，进而增强身体素质；还可以培养幼儿的自我控制能力，使其遵守游戏规则，形成机智、勇敢、顽强的品质，促进幼儿的人际沟通、亲社会行为等社会性发展。“听音游戏”“词汇游戏”“发音游戏”“文字游戏”等语言游戏能够培养孩子理解词汇，并运用口头语言清楚、连贯、有表情地进行表达、交流的能力。在游戏中，幼儿可以学会发音、辨音、丰富的词汇，学习普通话和学会使用各种句式，以及连贯清楚地进行讲述或者表达自己的想法。“猜谜语”“图片配对”“捉迷藏玩法”等智力游戏的目的是丰富幼儿科学知识，发展幼儿智力水平，是让幼儿通过观察和发现，从中找出规律等，使他们学会探索，通过动手、动脑发展其智力。“娃娃家”“医院”“理发店”“商店”等角色游戏是让幼儿在模仿、扮演角色的过程中，通过语言、动作、表情等创造性地反映周围现实生活的游戏。“积木游戏”“拼棒游戏”“积竹游戏”等结构游戏，又称建构游戏，是让孩子利用各种不同的结构玩具和材料进行建构，搭建生活中物体的游戏。结构游戏能够培养幼儿手脑并用的能力，促进幼儿创造性思维与想象力的发展。学会艺术造型的简单技能都具有积极的作用。区域游戏，也称为区域活动或区角活动，是当今幼儿园常见的一种教育形式。[①]我国学者何艳萍提出：区域活动是一种具有学习和工作性质的活动，幼儿可以根据自己的意愿选择和开展活动。[②]也就是说要充分利用各类教育资源，有效运用集体、分组和个别相结合的形式，组织幼儿进行自主选择、合作交往、探索发现、生活和游戏活动。在幼儿园区域游戏中，幼儿主要通过操作各类游戏材料来进行互动和学习。因此，区域材料的投放可以直接影响区域游戏的整体效果。

三、幼儿园游戏活动的观察要点

在观察过程中，较多教师会结合《指南》和幼儿的年龄特点及心理发展水平进行观察和分析，但仍然有个别教师仅仅依据自身经验和观察到的结果进行分析，这会造成记录分析的结果有偏差，因此，在幼儿游戏活动行为的观察中，应尽可能参考一些科学的观察要点。

（一）幼儿游戏活动行为的观察要点

游戏是幼儿的主要生活和学习方式，对幼儿游戏行为进行观察是了解幼儿最直接、最有效的方式。如对幼儿游戏的表征行为进行观察，可以了解幼儿的认知水平、自我意识和解决问题能力；对构造行为进行观察，能够了解幼儿的想象力、表现力和手眼协调能力；对社会交往行为进行观察，可以了解幼儿的交往水平、情感能力和语言表达能力；对规则行为进行观察，可以了解幼儿的竞赛意识、规则意识和行为习惯。无论在实际生活中还是教学过程中，观察幼儿的游戏活动都需要引起教师的重视，这也是分析幼儿行为背后动机的重要途径。

现以幼儿游戏活动的规则行为为例，观察其行为习惯。比如是否能爱护物品、是

① 李悦．幼儿园区域游戏活动中教师即时评价行为研究[D]．沈阳：沈阳师范大学，2020．
② 何艳萍．幼儿园区域活动的实践与探索[M]．北京：北京师范大学出版社，2010．

否能主动整理玩具、使用完之后是否能把物归回原处，以及是否具有规则意识是比较常见的观察要点。

表5-1　幼儿个案观察记录表

<table>
<tr><td colspan="2">班级:大二班</td><td>姓名:小华</td><td>观察时间:2021.6.11</td></tr>
<tr><td colspan="2">观察者:张老师</td><td>年龄:5岁8个月</td><td>观察地点:班级活动室</td></tr>
<tr><td>观察内容</td><td colspan="3">这个学期大二班来了一位叫小华的小朋友，他活泼开朗，也喜欢和老师分享他认为有趣的东西或者事情。小华来到幼儿园里就很开心，整天对幼儿园里的事物都充满着好奇，想去了解幼儿园里的设施与各个角落。这天早上，老师在开展集体教学活动的时候，他在和旁边的其他幼儿一起游戏、玩耍，然后老师叫他坐到位置中间，让他和其他幼儿一起进行教学活动。刚开始，小华还坐在位置上，可是后来他就站起来在教室里面乱跑，这让老师很无奈。老师完成教学活动后，及时和他进行交流，小华说他听不懂老师在说什么。
午休时，小华睡觉的时候把衣服到处放，鞋子脱了以后就随便扔，袜子也是直接脱了放在自己的被子上，睡觉也总是一睡着以后就趴着。在午睡时间如果没睡着就总是向老师告状，“老师，他说话了”，“老师，他又起来了”。午睡时小华总要折腾好一会儿才能睡着。
这天下午，老师开展体育锻炼活动的时候，组织大家排队去进行体育锻炼。老师首先摆放体育锻炼的道具，小华看见有其他几个小朋友在帮助教师摆放，他也跑了过来，他一过来就推倒了大家摆好的梅花桩，弄乱了铁圈，这影响到了正常的活动开展。</td></tr>
<tr><td>分析与评价</td><td colspan="3">小华的规则意识很薄弱，需要教师更多地予以关注与引导其行为习惯。根据小华日常活动中的实际情况，教师可多次与家长进行深度的交谈，进而了解他的行为习惯及其产生的原因。</td></tr>
<tr><td>支持策略</td><td colspan="3">(1)对于该幼儿应多进行规则意识的加强。
(2)对幼儿的常规训练进行耐心指导。
(3)可教会大班幼儿在日常生活中约束自己。
(4)建议家长引导幼儿在日常生活中养成集体仪式感。</td></tr>
</table>

(二)幼儿搭建技能的观察要点

幼儿游戏活动中的搭建技能也是观察的要点之一。比如说对游戏材料的基本认识，其种类、数量、功能等，对材料的熟悉程度、材料陈列方式、使用频率等可以作为重要的参考。

表5-2 幼儿建构游戏活动的观察记录表

班级:小二班	姓名:俊俊	观察时间:2019.10.14
观察者:李老师	年龄:3岁6个月	观察地点:建构区
观察内容	俊俊小朋友是我们班动手能力比较强的孩子。今天我们来到了三楼建构区,孩子们对搭积木很感兴趣,在老师的引导下,孩子们迫不及待地把积木搬运到了宽敞的地方,开始搭建起来,我看到俊俊小朋友和其他几个小朋友在搭建着造型很独特的作品,我好奇地问他们:“你们在搭建什么呢?”俊俊说:“李老师,我们正在搭一个火车呢。”他一边说一边搭着,其他几个幼儿也帮着搭建,并且坐在“火车”上,还说着:“我们现在开着火车去动物园吧!”我继续说:“哎呀!这个火车的头,太高了,还能看见前面的路吗?”俊俊就说:“李老师,我来改造一下它吧。”说着,就把“火车的头”放在了第二节车厢上。然后,开心地和其他小朋友玩起来了。	
分析与评价	俊俊的动手能力、合作意识与创造能力发展水平符合该年龄阶段的特点。在搭建中,幼儿会遇到很多问题,需要他们积极思考解决问题的途径,这不仅锻炼了幼儿的思维,更使他们获得了解决问题的成就感,为幼儿今后的生活和学习奠定了良好的基础。	
支持策略	在游戏活动中,教师提供充足的游戏材料,可以帮助推动幼儿游戏情节的发展,并给予他们引导和启发,帮助幼儿厘清问题,让幼儿结合生活经验,进一步激发他们思考和寻求解决问题的办法,使得幼儿解决问题的能力得以发展。当然,在解决问题的过程中,教师作为幼儿参与游戏活动的倾听者、支持者和启发者,要鼓励幼儿用自己的方式解决问题;也可以在幼儿的游戏活动过程中适时介入,引导幼儿通过多种途径提升动手能力,培养幼儿的语言学习能力,提高社交能力,促进幼儿的全面发展。	

(三)幼儿的最近发展区的观察要点

幼儿的最近发展区是指幼儿现有的水平和潜在的水平之间的差距。不同年龄阶段的幼儿,其最近发展区也会有所差异,因此,针对不同的年龄阶段的幼儿,观察的侧重点会有差异。如在小班中,着重观察他们在游戏过程中的情绪状态、使用材料的情况;在中班中,主要观察幼儿的解决矛盾与冲突的能力、社会性发展、行为习惯和规则意识培养的状况;在大班中,主要观察幼儿对已有经验的运用能力,解决矛盾冲突与问题的能力。

表5-3 小班幼儿表演游戏活动的观察记录表

班级:小二班	姓名:丽丽	观察时间:2019.10.25
观察者:黄老师	年龄:3岁3个月	观察地点:娃娃家
观察内容	活动课程结束之后,我们进行区域活动,小朋友们都进到了自己想玩的区域。在娃娃家,我看见丽丽小朋友抱起布娃娃,我蹲下身子去问她在干什么。丽丽说孩子病了,不乖,她在哄孩子睡觉,待会带她去医院看病,这样她的病就好了,就不难受了,等她睡着了就可以送去给医生看看……很快,医生就来了,让医生帮宝宝检查一下。	
分析与评价	丽丽小朋友的“带布娃娃去看病”行为体现了泛灵论的心理发展特点。因此,需要根据具体的年龄发展特点进行分析,进而提升幼儿对社会的适应能力,以及让幼儿初步学会和他人交流,发展幼儿角色扮演和语言发展能力。	
支持策略	该阶段幼儿的角色扮演、模仿能力很强,可以结合幼儿的最近发展区设定游戏难度,引导幼儿思考完成游戏任务的办法。同时,在游戏活动中,教师平时要多鼓励幼儿表达自己的想法,使幼儿的语言能力得以发展;也要鼓励幼儿主动解决问题,主动借助“工具”;及时发现幼儿的兴趣点,力求把游戏的自主权交给幼儿,进而促进幼儿的社会性发展。	

四、幼儿园游戏活动观察的引导策略

(一)注重游戏活动的教育价值

幼儿园游戏活动既是幼儿园教育活动开展的主要形式,也是幼儿素质教育顺利开展的重要举措。《纲要》在健康领域的指导要点中明确指出:“幼儿园必须把保护幼儿的生命和促进幼儿的健康放在工作的首位。”这说明健康教育和生命教育是教育顺利进行的前提和保障,所以幼儿园在投放游戏活动材料的过程中,要切实提高材料的安全性,选择一些无毒无味且不会对幼儿造成伤害的材料,并在材料投放前进行全面杀菌消毒,进一步消除区域活动中的不安全因素,为幼儿创设一个安全、有趣的活动环境。因此,在开展游戏活动的过程中,教师应根据不同游戏类型的特点和当前的主题活动需求,积极准备合适的游戏活动材料,充分利用游戏活动材料。但因各种因素的影响,不同年龄段的幼儿在兴趣需求和认知形式上会存在显著差异。针对这种情况,教师在投放游戏活动材料时,应全面分析不同年龄段幼儿的兴趣、需求和认知状况。根据实际情况，合理设置游戏材料的难度等级，然后将游戏材料从易到难层层放置，为幼儿创设符合当前年龄阶段发展特点的空间，这是为各项活动高质量开展提供良性的条件。同时，教师在游戏区域内放置材料时应积极营造安全、开放的环境，并根据孩子的兴趣爱好适当增减游戏活动材料，尽可能排除无关的刺激、干扰因素，让幼儿在游戏活动中自由选择材料，有效地让幼儿在游戏中充分成长。

（二）教师积极引导幼儿主动参与游戏，体验游戏的乐趣

首先，幼儿在游戏活动中的关注点主要集中在使用材料的体验感、规则意识、自身兴趣以及信息获取等方面。由此也可看出，幼儿园游戏活动中的教师观察指导策略主要是建立在幼儿积极主动参与的基础上，适当给予幼儿适应性指导。这不仅要考虑幼儿在游戏中的学习状况，同时也要对幼儿进行赋能，强化幼儿在游戏活动中的主体性。这样能让幼儿更积极地参与游戏活动，在一定程度上可以提高他们对游戏活动的接受度和参与度。教师在观察指导的过程中，可以根据幼儿的经验和兴趣，及时调整活动，选择与活动主题密切相关的活动材料，材料与游戏活动具有层次性、生成性和趣味性更为合适。教师还可以引导幼儿在观察游戏活动状态的基础上，关注活动目标，进而实现目标。

其次，教师要通过各种方式指导幼儿游戏活动的全过程。游戏活动能让幼儿发挥他们的主观能动性和学习主动性。教师在游戏活动中既可以通过语言、演示等方式引导幼儿探索解决问题的办法，也可以通过参与、合作的形式进行引导，并利用同伴交往提升幼儿与同伴的关系质量。但不可否认的是，教师从始至终要坚持幼儿在游戏活动中的主体地位，只有这样才能让幼儿体验游戏的乐趣，更好地培养幼儿的学习能力。

最后，教师要科学合理地引导幼儿在游戏活动中的同伴互动。游戏活动是幼儿学习的一种形式，也是培养幼儿社会性发展的重要途径。作为教师，要意识到不同年龄阶段的幼儿的游戏活动类型以及社会发展水平是不一致的，所以在引导幼儿参与游戏活动和与同伴互动时，教师要正视幼儿的实际情况，并把幼儿之间的冲突视为同伴关系中正常的发展需要；还可以创设符合该年龄阶段的游戏主题活动和活动环境，引导幼儿加强游戏互动，通过对游戏活动环境的沉浸来潜移默化地推动幼儿的同伴交往质量提升；鼓励幼儿通过合作的方式解决游戏活动中遇到的困难，引导幼儿尝试自己独立解决问题，以期提升他们解决问题的能力。

(三)教师创设游戏环境,支持和引导幼儿自主学习与发展

教师在进行游戏活动观察时,是否经常遇到这样的问题,比如有些区域的幼儿更容易“扎堆”,但有些区域很冷清;教师事先按照计划投放好了材料,幼儿们却提不起来玩的兴趣等。要从根本上解决这些问题,老师们需要认识到问题背后的根源是什么。接下来是我们的一些所思所想。

首先,教师在进行观察时,要将幼儿的表现情况记录下来,这些观察记录可以作为教师观察评价的依据。如此一来,教师就可以对幼儿在各个区域游戏的各项指标的发展情况进行评价,进而让教师意识到每个班级中每位幼儿的发展情况是有差异的。教师就要根据幼儿的具体情况和需要提供支持和引导,适当给予他们帮助,必要时介入和干预,并针对每个幼儿的不同发展情况提供个性化的教学支持。所以,这就要求教师要具备一定的观察能力,方可更好地理解幼儿的行为以及行为背后的机制,进而与幼儿进行有效的游戏互动,进一步支持幼儿全身心的发展。不会观察的教师可能只是简单地记录,只关注游戏活动的本身;而会观察的教师,可以通过幼儿在游戏活动中的表现情况获得幼儿的发展信息,将平时观察到的幼儿游戏行为通过观察记录表记录下来,把观察到的游戏行为作为指引,客观地评价幼儿当前的游戏发展水平。若能坚持长期观察,可以进一步输出为专业化的成长报告,并给这些报告的信息赋予意义。换言之,观察与记录不仅仅是简单观察幼儿游戏活动行为的表面特征,其观察内容需要有计划性、有针对性、有意义,能为观察评价的支持提供依据。在观察的基础上既要记录客观事实,进行客观的判断与分析,避免受到主观情感的干扰,也要真实、具体、清楚、易懂。如“他很高兴”换成“他的嘴角微微上翘”,“他很忧伤”换成“他的眉毛皱起”。所以,最后形成的观察记录要能为支持幼儿的发展做系统的支撑。

其次,面对同样的游戏行为,教师的专业素养、观察角度和知识结构不同,在观察过程中会观察到不一样的内容,记录和分析结果也可能迥然不同,这就要求教师提升观察评价的能力。在观察过程中,教师可以根据《指南》和《纲要》的指标,并以幼儿的关键发展性指标为依据,采用言简意赅的形式做记录,适当以照片、作品等资料为辅助,并对幼儿的重要行为和活动进行信息收集,换言之,要对幼儿的游戏行为中较为突出的事件或者片段进行记录和描述。

最后,值得一提的是,教师在进行记录时也需要不断地进行观察记录的总结,做过程性的评价。观察记录幼儿的游戏行为,是教师认识幼儿游戏水平的重要途径,也

是理解幼儿学习方式的重要过程。也就是说,教师可以成为幼儿学习的引导者、主动构建者和支持者,教师通过解读自己的观察记录,不断地挖掘、审视幼儿的独特之处,持续不断地从幼儿的游戏活动中发现和捕捉其背后的行为机制,促使在游戏活动中的观察能力得以提升。但作为教师,要理性地看到创设游戏环境的意义,其实是为了支持和引导幼儿自主地操作、交往、探索和表达,促进幼儿的自主学习和发展。因此,我们需要创设一个能充分调动幼儿兴趣的、开放的游戏环境,让幼儿能够自主自发地基于自己的经验、想法及水平等,玩自己想玩的游戏,将游戏自主权最大限度地还给幼儿。

任务二

常见的游戏观察方法和实例

任务目标

掌握并学会使用几种典型的游戏观察方法，通过对幼儿园游戏观察案例的分析，形成初步的观察、分析与评价幼儿游戏的能力。

任务准备

1. 物质准备：教学活动视频、教学PPT课件。

2. 经验准备：在前期课程中了解到一些游戏活动类型，到幼儿园去见习、实习，了解幼儿园游戏活动的现状。

工作表单

工作表单1

案例分析

上完集体活动课程，主班老师带着小朋友们来到了三楼的建构区，小朋友们都争先恐后地玩起了自己喜欢的玩具，不一会儿，教师看见彤彤小朋友拿起了积木在那里拼搭一个长长的火车，快要搭好的时候，有个小朋友不小心给碰倒了，她有一些伤心。这个时候，教师说："你还可以试试搭建其他的东西，老师帮你照看着，不让其他小朋友弄倒了。"她笑着说："谢谢老师。"然后动手搭建了起来，过了一会儿，老师问她："你搭的什么呢?"她说："我搭了一个城堡，你看有几层楼呢，我住在这里，我再给城堡盖一个好看的屋顶，这样雨水就不会下到房子里面去了。"

思考：1. 你认真思考、观察与分析过幼儿在游戏活动中的行为表现吗？

2. 教师在游戏活动中需要如何观察、分析与评价幼儿游戏的能力？

工作表单2

思考总结

思考并讨论常见的幼儿园游戏活动观察方法及其特点。

常见的游戏活动观察方法	特点

工作表单3

小组讨论

小组讨论：请查阅资料，结合小班幼儿游戏活动中构造行为的特点，总结该行为的观察要点有哪些？并举例说明。

要点	举例

任务分析

本次任务旨在了解幼儿园游戏活动观察的主要类型，掌握幼儿园游戏活动的观察要点。

学习支持

一、轶事叙述法

轶事叙述法，或称轶事记录法，是幼儿游戏活动中常用的观察方法之一。该方法对观察结构不做太多要求。观察者可以通过许多方式对游戏活动进行观察、记录、描述，同时通过该方法还可以获得翔实的过程性资料和收集到丰富的数据，即可以随时随地记录幼儿的游戏行为。因此，轶事叙述法被幼儿园教师广泛使用。

轶事叙述法的运用，让教师可以在不同时段记录幼儿的游戏情况、观察要点和即时感受，不限于任何形式，所以获得的信息往往具有多重用途，比如教师可以整理有关幼儿的资料，分析他们的发展轨迹，在“成长手册”中记录他们的成长历程；也可以分析他们的游戏行为、兴趣点，展示典型的游戏案例，形成游戏案例集范式。从家园共育的角度来看，这种记录方法便于教师更好地了解幼儿，有利于教师与家长进行深入的沟通。

以下案例是不同年龄阶段的游戏观察记录。通过对比分析，发现不同年龄阶段的游戏观察要点会有所差异，观察记录也是教师了解幼儿的重要途径。

表 5-4　小班幼儿阅读区游戏活动的观察记录表

<table>
<tr><td colspan="2">班级：小三班</td><td>姓名：宸宸</td><td>观察时间：2022.10.18</td></tr>
<tr><td colspan="2">观察者：刘老师</td><td>年龄：3岁5个月</td><td>观察地点：阅读区</td></tr>
<tr><td>观察内容</td><td colspan="3">今天玩区域游戏时，小朋友们都在选择自己喜欢的区域开始游戏，我看到宸宸小朋友坐在座位上看着别的小朋友忙碌，她走到我面前说：“老师，我要去哪里玩呀？”我对她说：“你看你自己想玩什么，就去玩什么，好吗？”她点点头走到角色扮演区，思考一会儿后，让小朋友们介绍自己的角色名称。艺艺说自己是猪妈妈，要照顾小猪们，宸宸就在旁边看着，小朋友们开心的时候，她就跟着笑，小朋友们排队游戏时，她就跟着排队。</td></tr>
<tr><td>分析与评价</td><td colspan="3">幼儿可以根据自己的兴趣爱好选择游戏或者其他活动，幼儿要学会主动选择自己喜欢的游戏区域进行游戏。</td></tr>
</table>

续表

支持策略	教师鼓励幼儿自主大胆决定，积极主动加入游戏，支持幼儿按照自己的想法做事，顺应幼儿内在的真正需要，根据幼儿自己的兴趣点确定游戏活动内容，并给幼儿提供丰富的游戏素材。同时，教师要善于引导，尊重幼儿的意愿，让幼儿去选择，不直接干预幼儿去哪个区域玩。平时幼儿们做事情时，放手让他们去做，给幼儿留充足的时间和探索的机会，对做得好的地方要积极表扬，即便看到他们做得不到位的地方，也要鼓励他们，并给予一定的指导，让幼儿体验到成功后的喜悦和成就感，帮助他们树立信心，为幼儿的成长创设一个安全、和谐的心理环境。

表 5-5　中班幼儿沙水区游戏活动的观察记录表

班级：中二班	姓名：佳佳	观察时间：2022.12.23
观察者：黄老师	年龄：4 岁 6 个月	观察地点：沙水区
观察内容	在沙水区里，老师看到小朋友们都在那里拿着工具挖沙子、筛沙子，或是把沙子装进模具里，但是老师看到佳佳小朋友和其他小朋友玩的方法不一样。佳佳拿着铲子在里面翻来覆去，不时地假装往里面放东西，似乎在翻炒什么，嘴里还说个不停。炒完之后，还端出来给小朋友们一起吃，老师问佳佳："你们是在做什么呢？"她回答道："我们在玩炒菜的游戏。"	
分析与评价	在游戏中，可以培养幼儿做事的耐力和持久性。幼儿在操作的过程中，如果发现铲子小，可以想到去更换一个大一点的铲子，这反映了幼儿能够想办法去解决问题，可以培养幼儿思考解决办法的习惯。	
支持策略	在游戏中，对幼儿的游戏活动给予无条件的接纳和尊重，让幼儿成为游戏活动的主体，把握住主动权。教师还可以适当地创设一些游戏情境，对幼儿的新想法、新思考给予积极的支持，激发幼儿探索的兴趣，也可以鼓励幼儿大胆创新玩法，并及时给予表扬。当然，教师是幼儿在游戏中的同伴，当幼儿需要时，可以以同伴的身份加入游戏活动中，做好幼儿发展的支持者。	

表5-6　大班幼儿“引水管”游戏活动的观察记录表

班级:大四班	姓名:鸣鸣、梓梓	观察时间:2022.10.3
观察者:刘老师	年龄:五岁	观察地点:沙水区

观察内容	游戏时间到了,梓梓小朋友大声喊:“刘老师,水池里面没有水,我们怎么搭水上乐园呢?”“水池里面全是沙子,放水会把通道给堵住。”鸣鸣小朋友应声道。过了一会儿,梓梓小朋友说出了自己的想法,要完成管道的拼接,鸣鸣小朋友当起了指挥官,随后其他小朋友也加入了他们的“引水管”工程。“刚架起的管道怎么一通水就倒呢?”“怎么办呢?”鸣鸣和梓梓他俩把木板埋在沙子里,用一些水淋在河道边,使得“引水管道”稳固。
分析与评价	幼儿在拼接水管过程中,发现水管在水的冲压下发生倒塌,水便无法流入,于是他们用沙子固定管道,垫高水管将水管连接,成功引了水,说明了幼儿在游戏中对材料的特性有了进一步了解,并通过行为验证了自己的想法,进一步加深了沟通、分析与合作的意识。同时,幼儿通过铲、堆、拍、运等方式使得精细动作和大动作能力都得到了发展。
支持策略	在游戏中,教师应该把问题留给幼儿,而不是直接帮助幼儿解决,在面对困难时教师的“不参与”是为了让幼儿体验参与游戏的价值。实际上,解决问题的过程就意味着幼儿成长的过程。因此,幼儿通过自己的尝试和探索,感受到了沙子具有的性质,获得一定的知识;该游戏给予了幼儿极大的满足感,激发了他们的求知欲,使幼儿可以无拘无束、自由自在地玩沙,可以用自己喜欢的方式玩沙。对于缺乏自信心或者比较内向的幼儿来说,教师要多鼓励,多引导,与幼儿学在一起、玩在一起,要时刻关注幼儿的表现与反应,洞察他们的需求,当幼儿和教师互动或者向教师求助时,可以给予相应的支持与帮助,比如采用启发式提问:“换了长短、粗细不同的水管,结果会怎么样呢?”抓住“玩”的兴趣契机,创设机会让幼儿成长。

表5-7 幼儿自主游戏过程中的观察记录表①

<table>
<tr><th>观察人数:1人</th><th>姓名:轩轩</th><th>观察时间:2018.12.6</th></tr>
<tr><th colspan="2">观察者:栗老师</th><th>观察地点:户外活动区域</th></tr>
<tr><td>观察内容</td><td colspan="2">轩轩和一群小朋友在户外活动场地进行玩耍,这块场地内有一些轮胎、秋千等高结构化材料。这时,轩轩选择把一个轮胎放在地上,接着把另一个垒在一起,进行跳马的游戏。成功之后,继续把一个新的轮胎放在刚刚垒好的轮胎上,继续进行游戏。旁边的小朋友看到了轩轩的游戏后,纷纷加入了他。几个回合过后,轮胎的高度已经不能让他们继续进行这个游戏了。于是,轩轩让小朋友们和他一起把轮胎搬到大树旁边开始了新的游戏。由于轮胎紧挨着大树,所以这个轮胎尽管垒得有些高但是非常稳当,小朋友们开始很有默契地排起了小队。先是轩轩,他爬上了轮胎最高处后,接着双手伸向了紧挨着大树的一个滑索,从大树这边的一头滑向了滑索的另一头。小朋友们看到他成功了,纷纷欢呼鼓掌,然后一个接着一个地爬上了轮胎,进行了滑翔游戏。游戏进行得正热火朝天的时候,小林的鞋子在他爬上轮胎时,掉进了轮胎中心的圆圈内。小朋友们围在了一起,开始讨论该怎么把鞋子掏上来。浩浩说:“我现在去喊老师,让她帮我们拿出来。”莹莹说:“我们选一个小朋友跳下去把鞋子拿上来吧。”几个小朋友都挨个进行了尝试,但轮胎的中心圆实在太小了,大家都没能进得去。小朋友们开始思考了起来,这时候轩轩说道:“我想到了一个办法。”他跑去门卫爷爷那里,借了一个可伸缩的升旗棍,然后把棍子伸长放进轮胎内,把鞋子挑了上来,小朋友们开心地继续进行游戏。</td></tr>
<tr><td>分析与评价</td><td colspan="2">在游戏过程中,轩轩有自己想要建构的作品,也有自己动手尝试的想法。他在本次活动中表现得很主动,在表达和与人沟通交流方面都显得很有条理。从活动的进展来看,他表现出了主导作用,担任了活动中的领导者,根据自己的想法开始游戏并且能和小朋友们一起进行游戏。另外,在进行游戏时,发生了意外事件,他能够很好地控制自己的情绪,表现出积极的状态去和小朋友一起解决问题。可见,轩轩的建构能力比较强,可以看出来他在日常生活中积累了勇于发现问题、解决问题的能力。最后,在游戏过程中,小朋友们一起进行了合作游戏,在户外自由的环境中,大家一起进行了头脑风暴并且互帮互助,解决了问题,完成了游戏。</td></tr>
</table>

① 栗晓婧.轶事记录法在幼儿自主游戏过程中的观察及应用[J].长江丛刊,2023(3):157-159.

续表

支持策略	当幼儿在游戏中遇到困难时，教师要学会等待，要有足够的耐心，认真观察幼儿的行为方式，在游戏中记录幼儿的真实表现，及时发现幼儿的兴趣所在，关注幼儿发现问题和解决问题的能力，抓住有效的教育契机。适时地介入、提供支持，及时地给予幼儿表扬，鼓励幼儿大胆表达自己的想法，并且引导他们去寻找其他材料，或者和其他小朋友一起合作搭建，鼓励幼儿通过分享交流经验、梳理新经验等，使幼儿的经验不断得以积累和转化，进而有效助推幼儿在游戏活动中的深度学习。

二、行为检核法

相对而言，在观察记录中，行为检核法更省时、简便，只需根据行为是否出现，在相应的栏目做上记录。

表5-8　大班幼儿游戏活动中合作行为的观察记录表

班级：大一班		观察目标：合作行为		观察地点：区域游戏	
观察者：李老师				观察方法：行为检核法	
时间段	日期	开始记录时间	结束记录时间	行为是否发生	备注
1	9月17日	上午8:30	上午8:45	√√√	橙橙、倩倩、强强
2	9月17日	下午3:00	下午3:15	√√	丽丽、敏敏
3	9月18日	上午8:30	上午8:45	√√√	倩倩、丽丽、敏敏
4	9月18日	下午3:00	下午3:15		
5	9月19日	上午8:30	上午8:45	√√	橙橙、慢慢
6	9月19日	下午3:00	下午3:15		

注：合作行为出现一次，就打一个“√”记录一次。

三、时间取样法

时间取样法适用于出现频率高、具有代表性、省时高效的行为，所以也是幼儿园教师常用于观察幼儿游戏行为的观察方法。例如，张老师尝试从早上8点45分开始，观察几名大班幼儿在区域游戏的合作行为及其频率，平均观察一位幼儿5分钟，记录1分钟，等待30秒，再观察下一位幼儿。记录结果如表5-9。

表5-9 大班幼儿游戏活动中合作行为的观察记录表[①]

行为	观察时段				
	1	2	3	4	5
与同伴友好合作	①			④	⑤
不与同伴友好合作			③		
表现出好交往、友好的行为		②			⑤
表现出攻击性行为			③		
表现出独立的行为		②			
表现出依赖的行为				④	
发起与同伴的游戏活动	①				⑤
扮演跟随者角色				④	
看起来受很多同伴喜欢	①	②		④	⑤
看起来不被喜欢或不受欢迎			③		
被观察的幼儿的代号：①橙橙，②敏敏，③强强，④倩倩，⑤慢慢					

四、事件取样法

事件取样法适用于获取目标行为的翔实信息，寻求事件的线索和核心要点，记录事件发生的来龙去脉。例如，中国学前教育学者近年来都在研究幼儿游戏活动中的合作行为。其中，某项研究选择中班幼儿自发的合作行为，对其进行观察、描述与记录。观察对象为48—60个月龄的幼儿，男19人，女21人。观察过程是：等待合作行为的发生，一发生便开始计时，并观察与记录事件的进行情况。研究者事先制订好观察记录表，以便迅速、完整地记录事件情况。经过58小时的观察，研究者共记录了500件合作行为事件，事件平均每小时8—10次。其中320件发生于室外，180件在室内，100件合作行为事件持续了30秒钟以上。

① 本特森(Bentzen，W. R.).观察儿童——儿童行为观察记录指南[M].于开莲，王银玲，译.北京：人民教育出版社，2009.

表5-10 幼儿合作行为的观察记录表①

观察时间：			观察地点：			观察者：		
幼儿	年龄	性别	持续时间	发生背景	行为性质	行为记录	结果	影响

五、等级评定法

等级评定法不只是对行为是否出现做出判断，更是对有关行为出现的程度或者是达到的水平进行识别，判断该行为水平的高低。以累计评定量表为例，评定方式为将各栏的项目总分相加，以最后的总分来评定该幼儿的行为。

① 孙诚.幼儿行为观察与指导(第2版)[M].长春：东北师范大学出版社，2019.

表 5-11 幼儿行为表现累计点数表①

观察时间：			幼儿：				评量者：		
游戏区域	观察日期	评价内容							
		积极的				消极的			
		能与同伴合作	能主动与同伴交往	能和同伴分享玩具	与人友善	总是要以自己为中心	总是等待别人和他说话	总是独享玩具	充满敌意
积木区									
装扮区									
语言区									
益智区									
美劳区									
科学区									

注：★优秀、√良好、■一般、●有待改进

项目小结

一、幼儿园游戏活动的主要类型

帕顿依据幼儿社会性行为进行分类，将游戏主要分为单独游戏、平行游戏、联合游戏和合作游戏；按照幼儿在游戏中的体验则分为想象游戏、机能游戏、制作游戏以及接受性游戏；依据我国《纲要》采用的分类方式，从教育目的和作用角度划分为结构游戏、智力游戏、角色游戏、体育游戏等。

二、幼儿园游戏活动的观察要点

1. 幼儿游戏活动行为的观察要点。

2. 幼儿搭建技能的观察要点。

3. 幼儿的最近发展区的观察要点。

① 孙诚. 幼儿行为观察与指导(第2版)[M]. 长春：东北师范大学出版社，2019.

三、幼儿园游戏活动观察的引导策略

1.注重游戏活动的教育价值。

2.教师积极引导幼儿主动参与游戏,体验游戏的乐趣。

3.教师创设游戏环境,支持和引导幼儿自主学习与发展。

四、常见的游戏观察方法

轶事叙述法、行为检核法、时间取样法、事件取样法、等级评定法等。

直通赛证

一、选择题

1.幼儿园的“娃娃家”游戏属于(　　)。

A.结构游戏

B.表演游戏

C.角色游戏

D.智力游戏

2.关于幼儿游戏活动区的布置,正确的说法是(　　)。

A.以阅读为主的图书区可与娃娃家放在一起

B.自选游戏环境的创设是由教师进行的

C.可在积木区提供一些人偶、小动物、交通工具模型等辅助材料

D.娃娃家应该是完全敞开式,让每个人都能看到里面有什么

3.认为“游戏是为未来生活做准备”的游戏理论是(　　)。

A.预演说

B.复演说

C.松弛消遣说

D.剩余精力说

4.儿童拿一竹竿当马骑,竹竿在游戏中属于(　　)。

A.表演性符号

B.工具性符号

C.象征性符号

D.规则性符号

5.儿童最早玩的游戏类型是(　　)。

A.练习游戏

B.规则游戏

C.象征性游戏

D.建构游戏

6.幼儿以积木、沙、雪等材料为道具来模仿周围现实生活的游戏是(　　)。

A.表演游戏

B.结构游戏

C.角色游戏

D.规则游戏

7.活动区活动该结束了,可是晨晨的游乐园还没有搭完,他跑到老师面前说:“老师,我还差一点儿就完成了,再给我5分钟,行吗?”老师说:“行,我等你。”一边说,一边指导其他幼儿收拾、整理……该教师的做法体现了幼儿园一日活动安排应该(　　)。

A.与幼儿积极互动

B.根据幼儿活动的需要灵活调整

C.按作息时间表按部就班地进行

D.随时关注幼儿的活动

8.在角色游戏中,教师观察幼儿能否主动协商处理玩伴关系,主要考查的是(　　)。

A.幼儿的情绪表达能力

B.幼儿的社会交往能力

C.幼儿的规则意识

D.幼儿的思维发展水平

9.小班同一个“娃娃家”中,常常出现许多“妈妈”在烧饭,每位幼儿都感到很满足,这反映了小班幼儿游戏行为的特点是(　　)。

A.喜欢模仿

B.喜欢合作

C.协调能力差

D.角色意识弱

10.幼儿赛跑、下棋一般属于(　　)。

A.表演游戏

B.建构游戏

C.角色游戏

D.规则游戏

11.幼儿通过塑造角色表现文艺作品内容的游戏是(　　)。

A.角色游戏

B.结构游戏

C.智力游戏

D.表演游戏

12.关于自发性游戏的正确观点是(　　)。

A.幼儿园游戏不包括自发性游戏

B.自发性游戏不需要教师指导

C.教师组织的游戏比自发性游戏有价值

D.自发性游戏具有多种教育价值

13.在玩棋类游戏时,下列幼儿的哪种行为表现最能反映玩具的可玩性?(　　)

A.运用丰富的认知策略

B.玩棋兴趣持续较长时间

C.有丰富的肢体表现

D.玩棋之后不易引发挫折感

二、简答题

1.简述角色游戏活动中教师的观察要点及其目的。

2.简述积木游戏对幼儿发展的价值。

三、材料分析题

1.阅读下面材料，回答问题。

刘老师发现幼儿园大班“理发店”的“顾客”很少，“顾客”对“理发店”不感兴趣。于是，刘老师带幼儿到理发店参观。在理发店里，刘老师引导幼儿观察理发店里的设施，理发师与顾客的互动，鼓励幼儿就感兴趣的问题询问理发师；记录幼儿的问题与发现，还拍下了许多照片，如顾客躺着洗头，梳漂亮的发型以及理发店里的各种工具等。回到幼儿园，刘老师组织幼儿讨论“怎样开好理发店”。她呈现在理发店拍的照片，引发幼儿回顾，有的幼儿说：“我们也想躺着洗头，可是没有躺椅呀。”有的说：“我要给顾客梳漂亮的头发，可是没有发型图怎么办呢？”刘老师说：“可不可以用我们身边的材料来做呢？”在老师的启发下，幼儿提出用积木搭建躺椅，自己画发型图等想法。刘老师支持幼儿的做法，并提供大型积木，收藏发型图的活页夹等材料。之后，顾客在“理发店”里能躺着洗头，能选漂亮的发型，“理发店”又红火起来了。

请分析案例中教师采用了哪些策略来支持幼儿的游戏活动。

2.材料：看图表，两岁和四岁幼儿的游戏特点是什么？结合游戏特点，联系实际，谈一谈对幼儿教师的启示。

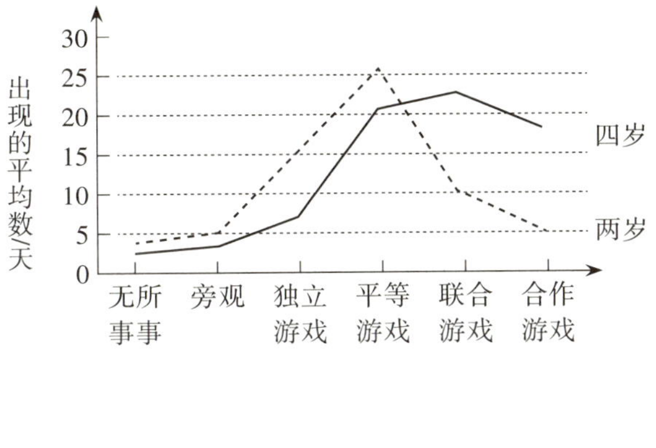

实践实训

结合见习、实习的机会，选取常见的游戏观察方法，从不同的角度观察、记录所在班级幼儿的游戏情况，试着分析其形成的原因，并以调查报告的形式呈现观察结果。

项目评价

主题	内容	优秀	良好	一般	较差	很差
学习态度	能准时参加全部课程，按时提交作业，及时查阅教师上传的学习材料	5	4	3	2	1
专业知识	了解幼儿园游戏活动的主要类型，掌握幼儿园游戏活动观察要点，掌握常见的游戏观察方法	5	4	3	2	1
研讨精神	积极参与讨论，对其他人的发言能提出合理的分析和见解	5	4	3	2	1
团队协作	能很好地融入课堂小组讨论，与小组成员共同推进学习进程	5	4	3	2	1
沟通交流	能够清晰准确地表达自己的观点，与他人交流时态度、语气恰当	5	4	3	2	1
人文素养	树立幼儿行为观察与记录的正确观念	5	4	3	2	1
信息素养	会检索相关的文献资料，主动学习	5	4	3	2	1
实践应用	能根据幼儿园游戏活动的观察要点进行观察，掌握常见的游戏观察方法，通过观察、记录幼儿的游戏行为，分析其形成的原因	5	4	3	2	1
自我小结						

推荐阅读

[1]李姗泽，刘璐，黄雪．幼儿园游戏设计与指导[M].重庆：西南师范大学出版社，2019.

[2]黄伟玲，陈福静．幼儿园自主游戏观察指导[M].北京：中国科学文化音像出版社，2014.

参考文献

[1]施燕，韩春红.学前儿童行为观察(第2版)[M].上海：华东师范大学出版社，2020.

[2]曹桂莲.0~3岁儿童亲子活动设计与指导[M].上海：复旦大学出版社，2014.

[3]莎曼，等.观察儿童——实践操作指南(第三版)[M].单敏月，王晓平，译.上海：华东师范大学出版社，2008.

[4]孙诚.幼儿行为观察与指导(第2版)[M].长春：东北师范大学出版社，2019.

[5]夏靖.轶事记录法在幼儿评价中的应用[J].学前教育研究，2003(Z1)：50-52.

[6]张秀春.时间取样观察法的优缺点及其适用性问题[J].辽宁师范大学学报(社会科学版)，2004，27(2)：52-54.

[7]邓小平，孙晓娟，张向葵.美国学前教育中课堂评估编码系统述评[J].外国教育研究，2013，40(6)：24-30.

[8]郭凯，胡碧颖，陈月文.幼儿体力活动水平：基于幼儿身体活动观察记录系统的评估[J].学前教育研究，2022(1)：34-45.

[9]王福兰，任玮.幼儿在园亲社会行为的观察研究[J].学前教育研究，2006(Z1)：57-59.

[10]王金风，闫金风，张迎，等.韦克斯勒学龄前儿童智力量表在河南省城市、农村再标准化研究[J].河南预防医学杂志，1990，1(6)：436-438.

[11]李晓巍.幼儿行为观察与分析[M].北京：中国人民大学出版社，2019.

[12]本特森(Bentzen，W.R.).观察儿童——儿童行为观察记录指南[M].于开莲，王银玲，译.北京：人民教育出版社，2009.

[13]丁文.幼儿园游戏故事的价值[J].学前教育研究，2020(11)：93-96.

[14]姚秀点.观察和解读“完整的儿童”——玉置哲淳的“关系活动模式”在幼儿园游戏活动中的应用[J].集美大学学报(教育科学版)，2017，18(6)：74-79.

[15]朱萌萌，蔡红梅．游戏治疗在学前融合教育中的应用研究[J]．教育与教学研究，2016，30(12)：124-129.

[16]杨慧敏，黄进．乡村幼儿园游戏活动的考察与审思——以中部某省某乡村幼儿园为例[J]．学前教育研究，2012(6)：24-28.

[17]杨静．欠发达地区幼儿园游戏活动组织方式探析[J]．学前教育研究，2006(Z1)：79-81.

[18]王春燕．幼儿园教学诊断技巧与对策58例[M]．北京：中国轻工业出版社，2014.

[19]俞春晓．幼儿园集体教学活动设计方法与实例[M]．北京：中国轻工业出版社，2012.

[20]中华人民共和国教育部．3~6岁儿童学习与发展指南[M]．北京：首都师范大学出版社，2012.

[21]中华人民共和国教育部．幼儿园教育指导纲要：试行[M]．北京：北京师范大学出版社，2001.

[22]教育部基础教育司．《幼儿园教育指导纲要(试行)》解读[M]．南京：江苏凤凰教育出版社，2017.

[23]李季湄，冯晓霞．《3~6岁儿童学习与发展指南》解读[M]．北京：人民教育出版社，2013.

[24]栗晓婧．轶事记录法在幼儿自主游戏过程中的观察及应用[J]．长江丛刊，2023(3)：157-159.

参考答案

项目一

一、选择题

1.【答案解析】D。《幼儿园教育指导纲要（试行）》第四部分第五条指出，评价应自然地伴随着整个教育过程进行。综合采用观察、谈话、作品分析等多种方法。并指出，平时观察所获的具有典型意义的幼儿行为表现和所积累的各种作品等，是评价的重要依据。

2.【答案解析】D。维果茨基认为，儿童有两种发展水平，一是儿童现有的水平；二是即将达到的发展水平。这两种水平之间的差异，即最近发展区。

3.【答案解析】C。《幼儿园教育指导纲要（试行）》指出，幼儿园教育工作评价实行以教师自评为主，园长以及有关管理人员、其他教师和家长等参与评价的制度。

4.【答案解析】A。本题考查班杜拉的社会认知理论。A选项替代强化是指学习者通过观察他人行为所带来的奖励性后果而受到强化；B选项自我强化是指人能观察自己的行为，并根据自己的标准进行判断，由此强化或处罚自己；C、D选择为干扰选项。萌萌看到青青和小猫一起玩得很开心会降低对猫的恐惧，属于替代强化。故本题选A。

5.【答案解析】C。皮亚杰通过三山实验证明了2—7岁的儿童具有自我中心性的特征。

二、简答题

（1）观察目的性不强。

学前儿童常常不能进行自觉、有意识的观察，他们的观察或事先无目的，或易于在观察中忘记，很容易受外界和个人情绪、兴趣的影响。

（2）观察的持续时间逐渐延长。

学前儿童，特别是小班孩子的观察常常不能持久，很容易转移注意的方向和对象,到中班,特别是大班,幼儿的观察时间才能逐渐增加。

(3)观察的细节性较弱。

学前儿童的观察不够仔细、认真,常常粗枝大叶、笼统、片面,准确性偏低。

(4)观察的概括性较弱。

观察的概括性指能够观察到事物之间的联系。学前儿童观察时,常常不能把事物的各个方面联系起来考察。因此也不能发现各事物和事物组成部分之间的相互联系。

(5)观察方法逐渐形成。

幼儿知觉发展的另一重要方面,是观察方法的形成。幼儿的观察,是依赖于外部动作,向以视觉为主的内心活动发展。

三、案例分析题

(1)亮亮更可能是幼儿园中班的幼儿。一方面,4岁左右的幼儿还不能很好地将自己的观点和他人的观点区分开,认为别人想的和自己所知觉到的一样,因此会出现错误信念;另一方面,从幼儿思维发展的角度来看,幼儿对事物的判断往往是以自我为中心的,思考问题是从自己的角度出发的。所以材料中亮亮的表现更符合中班幼儿的发展特点。

(2)①亮亮的行为体现错误信念。错误信念是指向儿童描述一个故事情景(通常故事中主人公的信念与事实不相符),然后尝试向儿童提问,看儿童是否能推断出主人公的真实信念。材料中的亮亮知道盒子里面装的是蜡笔,但是欣欣是没有见过的,也就意味着欣欣不知道盒子里面装的是蜡笔,当老师问亮亮,欣欣认为盒子里是什么时,亮亮却直接说"蜡笔",说明亮亮不能够正确判断他人心里的想法,体现了错误信念的特征。②亮亮的行为体现以自我为中心。自我为中心是指儿童在前运算阶段(2—7岁)只会从自己的立场与观点去认识事物,而不能从客观的、他人的立场和观点去认识并判断事物。材料中的亮亮通过教师打开饼干盒,知道了蜡笔的形象,体现了具体形象思维的特点,符合中班幼儿的思维特点。同时亮亮将自己对盒子中具体材料的认知等同于欣欣的认知,体现出他没有站在欣欣的角度思考问题的特征,说明了以自我为中心的特点。

项目二

一、选择题

1.【答案解析】C。本题考查观察法。观察法就是有目的、有计划地观察学前儿童在日常生活、游戏、学习和劳动中的表现,包括言语、表情和行为,并根据观察结果分析儿童心理发展的规律和特征。学前儿童的心理活动有突出的外显性,通过观察其外部行为,可以了解他们的心理活动,可见观察法符合题干中描述的研究方法。故本题选C。

2.【答案解析】B。以作品为依据,具有客观性,是作品分析法的特点之一。题干中教师对幼儿评价以"幼儿的图画"为依据,正是作品分析法特点的体现。

3.【答案解析】C。本题考查观察法。观察法是教幼儿学会运用视觉、听觉、味觉、嗅觉、触觉等感官去认识所选定的观察对象,是幼儿获得感性经验的主要途径。根据"看一看、闻一闻"可知采取的是观察法。实验法是利用一些生活中常见的物品或材料,让幼儿通过自己的操作,进行尝试和探索。参观法是教师根据教育目标的要求,组织幼儿到园外进行实地参观获得认知的方法。讲述法是运用语言向幼儿叙述事实材料或描绘所讲的对象。

4.【答案解析】A。观察法是有目的、有计划地观察学前儿童在日常生活、游戏、学习和劳动中的表现,包括其语言、表情和行为,并根据观察结果分析儿童心理发展规律和特征的方法。故选A。谈话法是研究者根据研究目的,"寻访"被调查对象,通过谈话的方式了解被研究者对某个人、某件事情、某种行为或现象的看法和态度。实验法是实验者有目的、有意识地通过改变某些社会环境的实践活动来认识实验对象的本质及其发展变化规律的方法。测验法是根据一定的测验项目和量表来了解儿童心理发展水平的方法。

5.【答案解析】C。本题考查评价学前儿童的方法。现场评价有两种方式:记录式和直觉式。记录式可采用事先设计好的表格进行,直觉式也就是在头脑里进行的一种快速判断,例如:当发现材料投放的数量不适宜时,立即采取补救措施。在幼儿现场评价中,无论是哪一种评价类型都要以幼儿在活动中的表现为主,所以现场评价幼儿园教育活动最重要的依据是幼儿的表现。故本题选C。

二、简答题

1.观察是有目的、有计划地考察学前儿童在日常生活、游戏、学习和劳动中的表现,包括其言语、表情和行为,并根据观察结果分析儿童心理发展的规律和特征。观察法是研究学前儿童心理活动最基本的方法,因为幼儿的心理活动有突出的外显性,通过观察其外部行为,可以了解他们的心理活动。同时,观察法是在自然状态下进行的,可以比较真实地得到学前儿童心理活动的资料。在幼儿教育中,教师应尊重幼儿在发展水平、能力、经验、学习方式等方面的个体差异,因材施教。而了解幼儿的兴趣、发展水平需要教师细致、耐心地观察,并善于发现幼儿感兴趣的事物、游戏和偶发事件中所隐含的教育价值,把握时机,积极引导。教师应成为幼儿学习活动的支持者、合作者、引导者。同时《幼儿园教育指导纲要(试行)》也指出,平时观察所获的具有典型意义的幼儿行为表现和所积累的各种作品等,是评价的重要依据。因此,观察对教师了解幼儿、尊重幼儿、促进幼儿的发展起着重要作用。

2.教育幼儿的工作是一项系统工程。它要求教师既要了解幼儿个体,科学地因人施教,又要了解与幼儿发展相关的各种因素,还要促进沟通,形成有利于幼儿发展的合力。作为一名幼儿教师应具备如下专业能力。

(1)观察能力。主要指对幼儿直觉的、原样的、不加任何操作的自然观察能力。教师观察是形成幼儿教育观点的基础;教师观察是提供真实具体信息的重要途径;教师观察是深入理解幼儿的手段;教师观察是幼儿教育的有效评估方法。因此,观察能力是教师需要具备的专业能力。

(2)沟通能力。如教师与幼儿沟通,具体可分为非语言沟通和语言沟通。非语言沟通包括微笑、点头、抚摸、拥抱、蹲下与幼儿交流、看着幼儿的眼睛倾听他们说话等等。教师与幼儿语言沟通应该掌握几种技能:引发交谈的技能;倾听的技能;扩展谈话的技能;面向全体、注意差异、谈话和结束交谈的技能……再如教师与家长的沟通,幼儿教师首先应了解家长,掌握与家长交流的技巧,沟通要以教师对孩子的爱、对社会的高度责任感为基础。此外,幼儿教师还应促进幼儿之间的沟通等,以理解、接纳、开放的态度为基础。

(3)组织分组活动的能力。合理的分组应表现出三个特点——有层次、有特色、有变化。除合理分组外,教师还应具备指导小组活动的能力。

(4)环境的创设与利用能力。教师要善于调动幼儿参与环境创设的积极性,充分利用已有的空间和材料设施,创造性地使用废旧材料和自然材料,为幼儿创设活动需要的物质环境,还要建立和谐的师幼关系,营造良好的班风。

(5)一日生活的组织与保育能力。教师要能够合理安排和组织一日生活的各个环节,将教育灵活地渗透到一日生活中,科学照料幼儿的日常生活、有效保护幼儿并及时处理幼儿常见的意外事故。

(6)游戏活动的支持与指导能力。教师要善于为幼儿创设良好的游戏条件,支持和鼓励幼儿自主选择游戏内容、伙伴和材料等,使幼儿充分体验到游戏的快乐。保证游戏活动的顺利展开,提供必要的支持与指导,促进幼儿多方面的发展。

(7)教育活动的计划与实施能力。教师需在教育活动中观察幼儿,根据幼儿的表现和需要,调整活动计划,并在实施过程中给予适宜的指导,给幼儿提供更多的操作探索、交流合作、表达表现的机会,支持和促进幼儿主动学习。

综上所述,幼儿教师应具备上述多种专业能力。

三、材料分析题

1.(1)材料中,幼儿反复尝试,在不断地尝试错误后终于将娃娃们安置好,说明幼儿以直觉行动思维为主。直觉行动思维是在对客体的感知中、在自己与客体的相互作用的行为中进行的思维,具有直观性和行动性,缺乏行动的计划性和对行动结果的预见性。教师在教育教学中要注意遵循幼儿思维发展的规律,并多为幼儿提供操作和活动的机会,发展幼儿的思维。

(2)教师要理解现阶段幼儿的学习方式和特点。幼儿的学习是以直接经验为基础,以直觉行动思维为主,在游戏和日常生活中进行的。要珍视游戏和生活的独特价值,创设丰富的教育环境,合理安排一日生活,最大限度地支持和满足幼儿通过直接感知、实际操作和亲身体验获取经验的需要,并多为幼儿提供操作和活动的机会,发展幼儿的思维。

2.(1)材料中豆豆的行为是具有攻击性的行为。出现攻击性行为的原因可能有:①父母的惩罚。惩罚对于不具有攻击性的儿童能够抑制其攻击性,但是对于具有攻击性的儿童则有可能加重其攻击行为。角色游戏是对周围现实生活的再现,豆豆经常打布娃娃并说“你不乖,我打你!你再哭,我还打!”的话,很可能是平时受到过父母的打骂和威胁从而把这种行为转移到角色游戏过程中。②榜样。电视上的攻击榜样会增加儿童的攻击行为,另外,看到父母打架、同伴打架等对幼儿也会有影响。豆豆是小班的幼儿,小班幼儿本身就有爱模仿的特点,可能是在电视、现实生活或者游戏中观察到了其他人的攻击性行为,从而进行模仿学习。③强化。在幼儿出现攻击性行为时,父母不加制止或听之任之,就等于强化了幼儿的侵犯行为。如果一个孩子成功地运用了攻击策略来控制同伴,可能加强他以后的攻击性行为。豆豆的攻击性行为可能是强化的结果。④挫折。攻击性行为产生的直接原因主要是挫折。挫折是人在活动过程中遇到障碍或干扰自己实现目的和满足需要时的情绪状态,一个遭遇挫折的孩子很可能比一个心满意足的孩子更具攻击性。豆豆可能是在游戏的过程中遇到了困难,例如受到了不公正的待遇,可能会导致其攻击性行为的发生。

(2)李老师可以从以下几点入手,减少豆豆的攻击性行为:①加强家园合作,有效运用惩罚手段。教师需要和豆豆的父母沟通,引导父母采取积极的教育方式,减少惩罚,多给幼儿正面引导,同时在幼儿园里也多给幼儿正向的反馈。《中华人民共和国未成年人保护法》第十一条指出:“任何组织或者个人发现不利于未成年人身心健康或者侵犯未成年人合法权益的情形,都有权劝阻、制止或者向公安、民政、教育等有关部门提出检举、控告。”因此李老师若发现幼儿遭受或者疑似遭受家庭暴力,应当依法及时向公安机关报案。②要给幼儿创设一个尽量避免冲突的空间。李教师可以在幼儿园创设宽容和谐的环境,减少幼儿同伴间的冲突。引导父母在家里创设良好的家庭环境,减少争吵,促进家庭整体氛围的和谐。③培养幼儿的意志力,允许幼儿合理宣泄。需要提升豆豆的自制力和面对挫折的能力,当遇到困难和挫折时,引导他不要以伤害他人或他物的方式解决问题,有情绪问题时要引导幼儿合理地发泄。④强化幼儿的亲社会行为。在日常生活和游戏过程中,可以培养幼儿的移情能力,让豆豆想想如果自己是布娃娃,会是怎么样的感受,从而增加他的亲社会行为,减少攻击性行为。⑤培养幼儿的社交技能,提高社会认知能力。教师可以通过教学活动,让幼儿意识到攻击性行为会带来不良后果,提升幼儿的社会交往能力,在游戏过程中学会合作、分享等。

项目三

一、选择题

【答案解析】B。“一物多玩”属于幼儿的科学探索活动,《3—6岁儿童学习与发展指南》明确指出,幼儿的思维特点是以具体形象思维为主。科学探索活动中适宜的做法是引导幼儿通过直接感知、亲身体验和实际操作进行科学学习,而不是对幼儿进行知识灌输和强化训练。

二、简答题

1.《幼儿园工作规程》指出,幼儿一日活动的组织应当动静交替,注重幼儿的直接感知、实际操作和亲身体验,保证幼儿愉快的、有益的自由活动。

首先,动静交替原则表现在一日活动的安排中。在组织活动的过程中,要注意幼儿活动步调的节奏,避免单调和疲劳。如:有的幼儿园日程安排多而零碎,幼儿常跟着教师匆匆忙忙地去做事,而没有机会仔细去品味各种体验,这种长期匆忙带来的压力会对幼儿的身心发展造成一定的不良影响。为避免这种情况,应该提供一些机会来满足幼儿的个别需要。如较安静、不爱社交的幼儿在集体活动后,需要有能独处、静息的空间；对于活泼好动的幼儿，当集体活动静坐的时间已超过其耐心的极限时，就需要让他动一动。

其次，动静交替原则也表现在某一个教育活动中。如为了使一些费时较多、操作性较强的教育活动顺利进行，可以采取切段的方式，即教师可根据教学内容切段，让幼儿休息片刻以调适情绪。这样既能顺利完成教学内容，又能使幼儿及时展现自己的学习成果并感受学习快乐。特别是在操作类活动中，以切段方式体现动静交替的安排，还有利于照顾个别差异，速度慢者可利用段与段之间的小憩时间完成任务，既能消除幼儿间的明显差异，也能使每个幼儿都体验到成功的快乐。

2.(1)教师应保证幼儿有充足的活动时间；(2)教师应注重户外活动中幼儿的身心状况；(3)户外游戏材料的选择应符合幼儿的年龄特点；(4)户外场地的器材设施应当安全、符合标准；(5)幼儿的着装应当适合其进行户外活动。

三、论述题

1.幼儿的一日生活活动包括：接待幼儿入园、早操、教育活动（有组织的集体活动或小组活动）、间隙活动、自由游戏活动、进餐、睡眠、午点、离园、晚间活动、盥洗等。幼儿园教育应渗透在幼儿一日生活的各项活动中的理由有：(1)幼儿一日生活中的各项活动是完成德智体美劳全面发展的需要，具有保育与教育的意义。如接待幼儿入园时，与幼儿打招呼，逐个接待幼儿，可以更加了解幼儿，促进德育；如早操可以实现体育的目的；如有组织的教育活动可以实现智育；如盥洗、进餐、午睡等可以培养幼儿良好的生活习惯，促进德育。(2)幼儿一日活动中教育手段的多样性，有助于幼儿接受教育。如日常生活中的劳动，可以培养幼儿热爱劳动、克服困难、认真完成任务的优秀品德。(3)幼儿一日活动动静交替。在组合和安排幼儿园一日活动时，充分考虑到幼儿注意力发展的特点及影响幼儿疲劳程度的各种因素，活动的安排应动静交替，有张有弛，体脑并用，劳逸结合，从而能够使幼儿在活动中获取更高的学习效益。(4)幼儿一日活动室内与户外相结合。幼儿每天有至少2小时的户外活动时间，不少于1小时的户外体育活动时间，能够让幼儿得到充分的体育锻炼，能够实现体育教育的目的。(5)幼儿一日活动以游戏为中心。《幼儿园教育指导纲要（试行）》提出，教育活动内容的组织应充分考虑幼儿的学习特点和认识规律，各领域的内容要有机联系，注重综合性、趣味性、活动性，寓教育于生活、游戏之中。一日生活中，游戏是幼儿身体发展的需要，游戏能给幼儿带来积极愉快的情绪，游戏能满足儿童交往的需要，游戏能满足幼儿好奇、探索的愿望。

2.(1)体育活动中应遵循适量性原则。

一切的体育活动都应当遵循适量性原则。运动的负荷量较大,会损害幼儿的身体,影响其正常发育。并且,过大的运动量,会让幼儿过于劳累,可能会让幼儿产生讨厌运动的心理。严重时,甚至还可能会进一步引发运动安全事故。因此,适当的运动量就显得尤为关键。幼儿教师在组织开展体育教学的时候,一定要对运动量有一个全面性的把握,避免运动量过多或过少情况的出现。

(2)体育活动中应遵循安全性原则。

在运动过程中,教师要时刻关注幼儿的运动情况,避免运动过量。还要充分强调活动中的安全要求,不断提醒参与运动的幼儿。在幼儿情绪比较激动的时候,教师要采取有效措施调节他们的情绪。

(3)在体育活动中应提供有针对性的指导。

对待不同幼儿要采取不同的处理措施,容易出汗的幼儿,教师就要为其准备毛巾,便于其在活动中擦汗;而体质差的幼儿,或者生病后刚恢复健康的幼儿,就要适当减少其活动时间和降低其运动强度。教师只有对每个幼儿的身体状况了如指掌,才能使体育活动更好地适应每个幼儿,使幼儿得到全面、适宜、协调的发展。

(4)体育活动中应遵循主体性原则。

幼儿教师还要根据不同幼儿的特点,为他们选择合适的体育活动。在教学中,也要综合运用各种方法来激发幼儿参与活动的兴趣,进一步提高他们的主动参与性。

(5)体育活动应遵循日常性原则。

幼儿园每天开展2个小时左右的户外活动,最好是保证户外体育活动1小时。在安排体育教学活动的时候,要注意遵循一动一静的方式,一般在开展过比较安静的智力活动之后,可以紧接着安排体育教学活动,让幼儿劳逸结合,更好地锻炼身体。

项目四

一、选择题

1.【答案解析】A。幼儿社会性发展是指幼儿在一定的社会条件下逐渐独立地掌握社会规范、正确处理人际关系、妥善自制,从而适应社会生活的心理发展过程。该过程主要在人际交往活动中实现,因此,人际交往是幼儿园促进幼儿社会性发展的主要途径。故选A。

2.【答案解析】B。《幼儿园教育指导纲要(试行)》在目标表述上较多地使用了“体验”“感受”“喜欢”“乐意”等词汇,突出了情感、兴趣、态度、个性等方面的价值取向,着眼于培养幼儿终身学习的基础和动力。

3.【答案解析】A。《3—6岁儿童学习与发展指南》的目标部分分别对3—4岁、4—5岁、5—6岁三个年龄段末期幼儿应该知道什么、能做什么，大致可以达到什么发展水平提出了合理期望。其科学领域中提到，5—6岁幼儿能用数字、图画、图表或其他符号记录信息。

4.【答案解析】D。幼儿的思维特点是以具体形象思维为主，应注重引导幼儿通过直接感知、亲身体验和实际操作进行科学学习，不应仅仅追求知识和技能的掌握，对幼儿进行灌输和强化训练。故本题选D。

5.【答案解析】A。本题考查幼儿健康教育。促进幼儿身心健康发展既是幼儿教育的根本目的，也是幼儿健康教育的终极目标。因此A项符合题意。B、C项为幼儿园体育活动的目标，不符合题意。D项，健康教育是根据学前儿童身心发展的特点，提高学前儿童的健康认识，端正学前儿童的健康态度，培养学前儿童的健康行为。健康认识为健康教育活动概述的三维度之一，D项片面，不符合题意。B、C、D三项为干扰项，排除。故本题选A。

6.【答案解析】C。本题考查《3—6岁儿童学习与发展指南》。《3—6岁儿童学习与发展指南》从健康、语言、社会、科学、艺术五个领域描述幼儿的学习与发展。目标部分分别对3—4岁、4—5岁、5—6岁三个年龄段末期幼儿应该知道什么、能做什么，大致可以达到什么发展水平提出了合理期望，指明了幼儿学习与发展的具体方向，故本题选C。

二、简答题

1.(1)语言能力是在运用的过程中发展起来的，发展幼儿语言的关键是创设一个能使他们想说、敢说、喜欢说、有机会说并能得到积极应答的环境。

(2)幼儿语言的发展与其情感、经验、思维、社会交往能力等其他方面的发展密切相关，因此，发展幼儿语言的重要途径是通过互相渗透各领域的教育，在丰富多彩的活动中去扩展幼儿的经验，提供促进语言发展的条件。

(3)幼儿的语言学习具有个别化的特点，教师与幼儿的个别交流、幼儿之间的自由交谈等，对幼儿语言发展具有特殊意义。

(4)对有语言障碍的儿童要给予特别关注，要与家长和有关方面密切配合，积极地帮他们提高语言能力。

三、论述题

1.社会领域的教育具有潜移默化的特点。幼儿社会态度和社会情感的培养尤应渗透在多种活动和一日生活的各个环节之中,教师要为幼儿创设一个能使幼儿感受到接纳、关爱和支持的良好环境,避免单一呆板的言语说教。如主动亲近和关心幼儿,经常和他们一起游戏和活动,让幼儿感受到与成人交往的快乐,建立亲密的师生关系;创造交往的机会,让幼儿体会交往的乐趣。鼓励幼儿参加其他小朋友的游戏,邀请小朋友到家里玩,感受有朋友一起玩的快乐。对幼儿与别人分享玩具、图书等行为给予肯定,让他对自己的表现感到高兴和满足。幼儿与成人同伴之间的共同生活、交往、探索、游戏等,是其社会学习的重要途径。教师应为幼儿提供人际交往和共同活动的机会和条件,并加以指导。幼儿园应多为幼儿提供自由交往和游戏的机会,鼓励他们自主选择、自由结伴开展活动;多为幼儿提供需要大家齐心协力才能完成的活动,让幼儿在具体活动中体会合作的重要性,学习分工合作。结合具体情境,引导幼儿学习交往的基本规则和技能,如:当幼儿不知怎样加入同伴游戏,或提出请求不被接受时,建议他拿出玩具邀请大家一起玩,或者扮成某个角色加入同伴的游戏;当幼儿与同伴发生矛盾或冲突时,指导他尝试用协商、交换、轮流玩、合作等方式解决冲突。利用相关的图书、故事,结合幼儿的交往经验,和他讨论什么样的行为受大家欢迎,想要得到别人的接纳应该怎么做。结合具体情境,引导幼儿换位思考,学会理解别人。引导幼儿尊重、关心长辈和身边的人,尊重他人劳动及成果。社会学习是一个漫长的积累过程,需要幼儿园、家庭和社会密切合作,协调一致,共同促进幼儿良好社会性品质的形成。

2.《幼儿园教育指导纲要(试行)》中提出,幼儿园的教育内容是全面的、启蒙性的,可以相对划分为健康、语言、社会、科学、艺术等五个领域,也可作其他不同的划分。各领域的内容相互渗透,从不同的角度促进幼儿情感、态度、能力、知识、技能等方面的发展。

四、材料分析题

1.(1)不适宜。首先,大班幼儿的思维方式以具体形象思维为主,抽象逻辑思维开始萌芽,因此,让幼儿进行10以内加减法的运算时,需要为幼儿提供可以进行操作的游戏材料,借助直观探索来感受数学的运算,而不能只是让他们进行抽象的加减运算,这一学习方式不适合幼儿。其次,《幼儿园教育指导纲要(试行)》对于科学领域中数学教育的总目标要求是,能从生活和游戏中感受事物的数量关系并体验到数学的重要和有趣。题干中的游戏材料不具有操作性和趣味性,因此,对于达成教学目标来说不可取。

(2)材料投放存在的问题:①不具有操作性。对于幼儿来说,他们的思维方式以具体形象思维为主,形象的材料,且能让幼儿去操作、去探索的材料才能激起幼儿的探索的欲望和学习的兴趣。②不具有整体性。"春天"这一主题,是幼儿生活中能直观感知到的词汇,幼儿的生活中有大量的事物可以体现春天,而题干中教师所呈现的材料只是关于"春天的景致",这表明围绕着课程主题给幼儿呈现的材料是局限的、不完整的。③材料之间的衔接不足。教师围绕"春天"的主题组织活动,希望通过这个活动,幼儿既能了解到春天的季节特征,同时还能接受到数学教育。符合五大领域的内容彼此之间需要融合、相互促进的要求。但春天的拼图中一部分是春天景色,一部分是计算题,两者之间并没有直观联系,造成两个活动彼此衔接不足。

改进建议:①鉴于大班幼儿的思维方式以具体形象思维为主,教师需要为幼儿提供适合幼儿探索、操作的材料。②围绕生活内容命题时,教师需要考虑幼儿的生活实际,从幼儿的生活和兴趣出发,为幼儿提供完整的材料。③主题活动在提供材料时,需要兼顾不同类型的活动,需要考虑活动之间的衔接与配合。

项目五

一、选择题

1.【答案解析】C。角色游戏是幼儿通过扮演角色,运用想象,创造性地反映个人生活印象的一种游戏,通常都有一定的主题,如娃娃家、商店、医院等,所以又称为主题角色游戏。角色游戏是幼儿期最典型、最有特色的一种游戏。"娃娃家"属于角色游戏。

2.【答案解析】C。布置幼儿游戏活动区,可在积木区提供一些人偶、小动物、交通工具模型等辅助材料。

3.【答案解析】A。哲学家Karl Groos认为,游戏不是消除人的原始本能,而是加强未来所需的本能。游戏的目的就是提供给儿童一种安全的方法,帮助他们去预演成人生活所需要的本能。即游戏是儿童对未来生活的预演。

4.【答案解析】C。通过象征性游戏,儿童可以脱离当前对实物的知觉,以象征代替实物并学会用语言符号表达思维,体现着儿童认知发展的水平。

5.【答案解析】A。感觉机能性游戏又称为练习性游戏或机械性游戏,它是幼儿发展中出现的一种游戏形式,其动因来自感觉器官所获得的快感,由简单的重复运动组成，如奔跑、跳跃、攀登、摇拨浪鼓、骑木马、敲打和摆弄物体等。

6.【答案解析】B。建构游戏，又称结构游戏。是指利用各种结构材料或玩具(如：积木、积塑、沙、石、泥、雪、金属材料等)进行建构活动的游戏。这种游戏对幼儿的手部技能训练和思维能力发展有十分积极的作用，被称为“塑造工程师的游戏”。

7.【答案解析】B。科学、合理地安排和组织一日生活：(1)时间安排应有相对稳定性与灵活性，既有利于形成秩序，又能满足幼儿的合理需要，照顾到个体差异。(2)教师直接指导的活动和间接指导的活动相结合，保证幼儿每天有适当的自主选择和自由活动时间。教师直接指导的集体活动要能保证幼儿的积极参与，避免时间的浪费。因此题干中所说的正是体现了幼儿一日生活安排应该照顾到幼儿个体差异，同时避免时间的浪费。

8.【答案解析】B。协商处理玩伴关系是幼儿同伴交往的体现，同伴交往属于社会交往的一种。

9.【答案解析】A。小班幼儿游戏方式以平行游戏居多，体现了小班幼儿喜欢模仿的特点。

10.【答案解析】D。本题考查幼儿游戏的类型。规则游戏是指儿童按照一定的规则进行的、带有竞赛性质的游戏。题干中赛跑、下棋都是具有一定规则且带有竞赛性质的游戏，故此题选D。

11.【答案解析】D。本题考查游戏的种类。表演游戏和角色游戏属于幼儿的创造性游戏，都是幼儿扮演角色的游戏。不同的是在表演游戏中，幼儿所扮演的角色是文艺作品中的角色，游戏的情节内容也是反映文艺作品的情节内容。而角色游戏中，幼儿扮演的角色是生活中的各种人物，例如过家家，反映的是幼儿生活现象。表演游戏和角色游戏的区别就在于有没有剧本。

12.【答案解析】D。此题考查自发性游戏。依据游戏中的教育目的性成分，可以将幼儿的游戏分为自发性游戏和教学游戏，故A选项不正确。自发性游戏是幼儿自己发起的、自愿参加的、自主支配的游戏。教师的指导，可以让幼儿的自发性游戏的题材和内容更加健康、有趣、积极，故B选项不正确。教师组织的游戏与学生自发的游戏都有价值，故C选项不正确。

13.【答案解析】B。在玩棋类游戏时，幼儿的行为表现最能反映玩具的可玩性。其中，玩棋兴趣持续较长时间是最能反映玩具可玩性高的行为表现之一。因为如果玩具的可玩性不高，幼儿的兴趣很难维持较长时间，而如果玩具的可玩性很高，则幼儿的兴趣会更持久，表现为幼儿玩得很开心、很投入。

二、简答题

1.角色游戏是幼儿期最典型、最有特色的一种游戏。教师对于角色游戏的观察是多维度的，从对不同年龄班级的角色游戏观察的维度来看，观察要点和目的表现为：

(1)小班观察要点：游戏内容是否是重复操作、摆弄玩具，游戏是否主题单一、情节简单。

目的：注意规则意识的培养，让幼儿在游戏中学会独立。

(2)中班观察要点：游戏主题是否稳定，幼儿有没有与别人交往的愿望，是否具备交往的技能，发生纠纷的情节和原因。

目的：引导幼儿学会并掌握交往规范和技能，促进幼儿与同伴的交往，在游戏中解决简单的问题，引导幼儿分享游戏经验。

(3)大班观察要点：游戏主题能否主动反映生活经验和人际关系，能否让幼儿合理地按照自己的意愿计划游戏，幼儿解决问题的能力是否提高。

目的：培养幼儿的独立性，鼓励幼儿在游戏中的创造性。通过讲评让幼儿相互学习，拓展思路，不断提高角色游戏水平。

2.积木游戏是结构游戏的一种，幼儿可利用不同颜色、不同形状、不同大小的积木开展游戏。

积木游戏对幼儿发展有如下的价值：

(1)促进幼儿动作的发展。积木游戏中的搭建等动作能锻炼幼儿手部的动作灵活度和协调度，从而促进幼儿的基本动作和技能的发展。(2)促进幼儿认知的发展。积木游戏中，幼儿的想象力和记忆力都能得到锻炼，同时，识别积木的颜色、形状、大小、数量等也能促进幼儿感觉、知觉和思维的发展。(3)促进幼儿情感的发展。积木游戏中，幼儿有社会交往的机会，可以相互协作，从而促进幼儿之间的人际交往；为了搭建成某一个形状而努力的过程，也能锻炼幼儿的意志力和认真、专注的态度。(4)促进幼儿语言的发展。积木游戏中，幼儿喜欢加入角色与情节，运用到语言，从而促进语言的发展。(5)促进幼儿科学思维和审美能力的发展。积木游戏中，幼儿为了表现某一物体的形状，使搭建的物体美观、牢固，需要考虑平衡、美观等因素，从而促进幼儿科学思维和审美能力的发展。

三、材料分析题

1.游戏是幼儿最喜欢的活动，是幼儿一日活动中不可或缺的环节。在幼儿园中，教师应该经常对幼儿的游戏进行指导，这样才能促进幼儿通过游戏掌握更多的知识和技能，养成良好的个性。

本案例中教师采用的策略有：

（1）将教育与生活实际联系起来。幼儿教育不应只是为了完成教学目标，而是要分析幼儿特点、结合幼儿实际。案例中的刘老师在发现“理发店”这一游戏不受大家喜欢之后，就带领幼儿去理发店参观。这样，不仅可以激发幼儿的兴趣，调动幼儿的积极性，而且可以积累他们的生活经验。

（2）指导幼儿进行观察，发现问题。观察是一项重要的技能，幼儿的观察常常是零散的、漫无目的的，然而，刘老师设置了几方面的观察目标，让幼儿对此一一进行观察。这样可以训练幼儿观察的系统性和细致性，从而发现他们感兴趣的内容。

（3）以讨论为主，共同解决问题。讨论能够充分发挥幼儿的想象力，激发智慧的火花。刘老师并没有停留在幼儿观察的层面，而是组织幼儿进行讨论，将他们的观察结果汇总起来，并通过引导和启发，让他们自己想出解决问题的方法，这比教师直接告诉他们更能加深幼儿的记忆，增强幼儿的主动性，提高幼儿的思维能力。

2.表格中两岁和四岁的游戏特点为：两岁的幼儿喜欢重复性的游戏，他们喜欢反复做同样的事情，如玩捉迷藏、拍手游戏等。这可以帮助他们发展记忆力和注意力。两岁的幼儿还喜欢模仿成人的行为，他们喜欢玩做饭、打扫等游戏，这可以帮助他们发展社交能力和自理能力。四岁的幼儿开始对物体的特性和功能感兴趣，他们喜欢玩拼图、积木等游戏，这可以帮助他们发展手眼协调能力和空间想象力。并且，四岁的幼儿开始对性别和身体特征感兴趣，他们喜欢玩扮装游戏，这可以帮助他们发展性别意识和自我认知。

对幼儿教师的启示：（1）幼儿教师应该根据幼儿的年龄特点和兴趣爱好来选择合适的游戏活动，以促进幼儿的全面发展。（2）幼儿教师应该为幼儿提供丰富多样的游戏材料和环境，以激发幼儿的好奇心和学习兴趣。（3）幼儿教师应该在游戏中引导幼儿学习基本的社交礼仪和生活技能，以培养幼儿的自理能力和社交能力。（4）幼儿教师应该关注幼儿的情感发展和心理健康，在游戏中给予幼儿积极的反馈和鼓励，以增强幼儿的自信心和自尊心。

笔记

笔记

笔记

笔记

笔记

笔记

笔记

笔记

笔记

笔记

笔记

笔记

笔记

笔记

笔记

笔记